农村集体经济组织财务管理

毛必田　杨建伟　项有英　主编

中国农业科学技术出版社

图书在版编目（CIP）数据

农村集体经济组织财务管理 / 毛必田，杨建伟，项有英主编 .—北京：中国农业科学技术出版社，2019. 4（2023.7重印）

ISBN 978-7-5116-4086-4

Ⅰ. ①农…　Ⅱ. ①毛…②杨…③项…　Ⅲ. ①农业合作组织-财务管理 Ⅳ. ①F302. 6

中国版本图书馆 CIP 数据核字（2019）第 052433 号

责任编辑　徐　毅
责任校对　马广洋

出 版 者　中国农业科学技术出版社
北京市中关村南大街 12 号　邮编：100081
电　　话　(010)82106631(编辑室)　(010)82109702(发行部)
(010)82109709(读者服务部)
传　　真　(010)82106631
网　　址　http://www.castp.cn
经 销 者　各地新华书店
印 刷 者　北京捷迅佳彩印刷有限公司
开　　本　850 mm×1 168 mm　1/32
印　　张　5. 75
字　　数　160 千字
版　　次　2019 年 4 月第 1 版　2023 年 7 月第 5 次印刷
定　　价　36. 00 元

《农村集体经济组织财务管理》

编 委 会

前　　言

农村财务管理工作关系农民的切身利益，搞好农村财务管理工作是新农村建设的重要内容，也是维护农村稳定的基石。财务管理是村级事务管理的核心，加强和规范村级财务管理，健全民主理财制度，加大财务公开力度，不仅可以切实维护农民的知情权、参与权、决策权、监督权，促进农村事务管理民主化，也能进一步激发广大农民群众的首创精神，调动农民群众积极性，为社会主义新农村建设提供重要保障。

本书在编写体系上以村集体经济组织的财务活动内容为线索，系统地阐述了村集体经济组织的筹资管理、投资管理、各类资产的管理和收入、支出及收益分配等方面的管理方法。本书力求做到内容充实，简明易懂，突出实用性和针对性。

由于中国正处于转型经济阶段，财务管理的内容也在不断地发展和丰富，在农村更有许多新问题和新情况需要去研究和探索，加之编者的理论和实践水平有限，书中不足之处在所难免，恳请广大读者予以批评、指正。

编　者

2019 年 1 月

目　录

第一章 农村财务管理概述

第一节 农村财务管理的地位和意义

一、农村财务管理的概念

农村财务管理是指对直接归农民集体占有、支配、管理的各种资产所发生的一切收入、使用、分配等财务活动的核算、计划、监督与控制。

农村财务管理的基本任务是贯彻和执行党和国家的财经政策与法令；加强财务管理和监督；管好用活集体资金，保证集体财产不受损失；积极筹集资金，增加生产经营资金的投入，扩大集体收入和积累，促进农村经济发展；搞好经济核算工作，改善经营管理，努力增加收入，不断降低费用水平，提高经济效益；搞好承包合同的签订、结算和兑现工作；正确处理国家、集体、个人之间的经济利益关系和农村集体内部各行业、各经营层次之间的经济利益关系；贯彻社会主义分配原则，搞好收益分配工作；管理和监督所属企事业单位的财务活动。

二、农村财务管理的地位

农村经营管理范围较广，财务管理已渗透到各个方面，并位于中心地位，具体表现在以下方面。

1. 农村集体经营目标对财务管理的要求，决定了必须高度重视财务管理，突出财务管理的中心地位

不论是何种形式的农村集体经济组织，都遵循“民办、民营、民受益”的原则和宗旨，其经营的目标都是获取最大的收益，使投入的资金得到最大限度的增值。因此，必须合理地筹集和运用资金，在维持必要的偿债能力的基础上，提高经济组织的盈利能力。同时，财务管理工作的好坏也直接关系到集体经济组织的生死存亡。要保持农村集体经济组织的生存和不断发展，不断提高经济效益，增加农民收入，就必须把财务管理工作当做管理的中心来抓。

2. 财务管理具有价值管理和综合管理的特征，为其居于中心地位创造了必要条件

财务管理以资金管理为中心，透过价值形成的管理，实现对实物的管理，又具有综合管理的特征，从而使生产经营活动的质与量在价值运动中得到综合反映。它所提供的综合价值指标，不仅是农村集体经营活动业绩的评价依据，也是经营决策的依据。财务管理的价值管理和综合管理特征，为其居中心地位创造了必要条件。

3. 财务管理的中心地位是农村集体经济组织内外部不同利益主体的共同要求

中国目前的农村集体经济组织既有农村合作特征，又有企业特点。其利益主体包括国家、投资者、债权人、管理人员、社会公众以及成员，他们以不同的利益要求，关心着集体组织的财务状况和经营成果。当他们的利益目标发生冲突的时候，财务管理将面临着如何正确使不同利益主体同时实现其最大限度的利益目标。

4. 内部财务管理制度建设是农村集体经济组织管理制度建设的核心，也是实现科学管理的基础

农村集体经济组织是农村社区成员在基本生产资料公有的基础

上，按照合作社原则自愿组成的独立核算、自负盈亏、自主经营，实行自我管理、民主决策、互助合作的经济组织。其经营范围涉及生产、加工、经营、服务等方面，有明显的社区性和综合性。由于财务管理的对象是资金的循环和周转，其主要内容是筹资、投资和利益分配，主要职能是决策、计划和控制，其必然涉及供、产、销等各个环节，贯穿于整个生产经营过程。因此，要使财务机制快速形成，并充分发挥作用，就必须加强制度约束和规范，为财务管理在村经济组织中发挥其中心地位的作用提供制度保证，并使每一项经济活动都有章可循、有据可依，都能实行科学管理。

三、农村财务管理的意义

1. 做好财务管理是壮大集体经济，充分发挥农村集体经济组织统一职能的需要

加强财务管理工作，可以确保集体资产的安全与完整，实现集体资产的保值增值，巩固与壮大集体经济。通过加强财务管理，积极帮助和指导下属企事业单位和农户搞好生产经营，充分调动他们的生产积极性，正确处理好同他们的经济利益关系，确保农村集体经济组织经营的统一职能切实履行，并在履行职能的同时维护集体经济组织及其成员的利益。

2. 做好财务管理是发展各业生产，切实提高经济效益的需要

财务管理的主要目标是提高经济效益。农村集体经济组织要发展各业生产，开发各种经济资源，迫切需要加强财务管理，管好用活集体资金，开拓生产资金的来源渠道，有效地利用现有的生产要素，增加各项生产经营和管理服务收入，努力降低各项费用开支水平，从而提高经济效益。

3. 做好财务管理是加强农村基层民主政治建设和廉政建设的需要，也是农村社会稳定的需要

农村财务管理工作是根据党和国家的有关方针、政策、法

规、制度来开展的。财务管理搞好了，就能保证党和国家的方针、政策、法规、制度在农村的顺利贯彻落实。当前农村正在开展以村务公开为主要内容的基层民主政治建设，而村务公开的重点是财务公开。因此，开展农村基层民主政治建设离不开财务管理工作。同时，加强农村财务管理，还有利于广大农村基层干部发扬艰苦朴素的优良传统，促进廉政建设和社会稳定，密切干群关系，严明纪律，带领广大村民群众走共同富裕的道路，全面实现小康社会。

第二节　农村财务管理的主要内容

一、资金运动的形式

在商品经济条件下，商品是使用价值和价值的统一体，具有两重性。与此相联系，农村集体经济组织的再生产过程也具有两重性，一方面表现为使用价值的生产和交换过程；另一方面则表现为价值的形成和实现过程。其中，使用价值的生产和交换过程是有形的，成为财产物资运动过程。而价值的形成和实现是无形的，它是财产物资的价值运动过程。由于这种价值运动过程可以用货币形式表现出来，通常又把这种以货币表现的财产物资的价值称为资金，所以，人们把物资的价值运动过程称为资金运动。农村集体经济组织的资金运动过程包括筹集资金、运用资金和分配资金等过程。这种过程是周而复始回收的，从而形成资金的循环和周转。

1. 资金筹集

农村集体经济组织要进行生产经营和管理服务活动，首先必须从多种渠道筹集资金。包括通过自身积累和从外单位、个人、国家吸收投资等取得的资金以及通过向财政、银行、信用社、其

他单位借款等方式吸收的借入资金。这些资金一般处于货币资金形态，是资金运动的起点。

2. 资金运用

农村集体经济组织筹集的资金要通过购、建等过程，才能形成各种生产资料。一方面，通过购置房屋建筑物、机器设备等固定资产，形成生产必需的各种劳动手段；另一方面，通过购买种子、肥料、农药、原材料、燃料等形成劳动对象。通过投入形成的资产在生产经营和管理服务过程中要进行营运使用，从而使资金从货币形态转化为储备资金、固定资金形态。此外，还可以用各项资产对外投资，充分发挥资金的使用效益。

3. 资金耗费

在生产经营管理服务过程中，要发生各种资产耗费，支付各种费用，从而使储备资金、固定资金转化为生产资金，随着产品的制造完成，再转化为产成品资金。

4. 资金的回收与分配

农村集体经济组织通过收获农产品和销售工副业产品等取得经营收入，通过承包合同和其他经济合同的结算兑现取得发包及上交收入，还可以取得投资收益和其他收入。这些收入，一部分用以弥补生产和管理服务耗费及亏损，其余部分为收益总额，要按照国家政策的规定在国家、集体、个人之间进行分配。用于弥补生产耗费和亏损的资金，又从货币形态开始，继续参加下一轮的生产周转，实现简单再生产；按规定提留的部分，形成自我积累，可以再投入生产周转；上缴国家的税金和向个人分配的利润，则从资金的运动过程中退出。

二、财务活动

农村财务活动是指在生产经营和管理服务过程中客观存在的资金运动，是资金收支活动的总称。具体包括筹资活动、投资活动、资金营运活动、分配活动和日常资产管理活动等。其中，筹资活动是由资金筹集引起的，投资活动是由资金运用引起的，资金营运活动是由资金耗费引起的，分配活动是由资金的回收与分配引起的，日常管理活动则是为了提高固定资产和流动资产等的使用效率，在日常的生产经营和管理服务中必须对其进行有效的管理，在资产管理中所发生的资金收支。

上述几个方面的财务活动是相互联系、相互依存，不可割裂的，它们共同构成了完整的农村财务活动和农村财务管理的基本内容。

三、财务关系

农村集体经济组织财务关系，是其在组织财务活动过程中与各方面发生的经济利益关系。它表明了农村财务的本质特征。

1. 与投资者之间的财务关系

农村集体经济组织从各种投资者那里筹集资金，进行经营服务活动，并将所实现的收益按投资者的出资额进行分配，而投资者则要按投资合同、协议、章程的约定履行出资义务，以便形成集体企业的资本金。两者之间的财务关系，体现着所有权的性质，反映了经营权和所有权的关系，处理这种财务关系必须维护双方的合法权益。

2. 与被投资者之间的财务关系

农村集体经济组织为了充分有效地发挥资产的效能，可以将自身的财产向外单位投资，农村集体经济组织按约定履行出资义务后，有权参与被投资单位的利润分配。这种关系体现的是所有权性质的投资与受资的关系，同样，处理这种财务关系也必须维护两者的合法权益。

3. 与债权人的财务关系

与债权人之间的财务关系是指向银行、信用社等金融机构，

向其他单位借入资金，并按合同规定按时支付利息和偿还本金以及在结算中形成的应向供货单位或个人支付的各种款项，向国家税务机关应缴纳的税金等所形成的经济关系。这种关系体现的是债权与债务的关系，处理这种财务关系，必须体现有关各方的权利和义务，保障双方的权益。

4. 与债务人之间的财务关系

农村集体经济组织将其资金以购买债券、提供贷款或商业信用等形式出借给其他单位或者个人后，有权要求债务人按约定的条件支付利息和偿还本金。这种经济关系体现的是债权与债务的关系，要保证双方履行义务，保障双方的权利。

5. 与各承包（承租）单位、承包户的财务关系

农村集体经济组织与所属企事业单位、承包农户之间要发生承包款、利润上交、对内投资的投放以及其他内部往来结算关系；与外单位、个人承包者、承租者要发生发包及上交收入的收缴和其他资金结算关系。这种结算关系体现了内部各单位、各部门之间以及各承包户之间的经济利益关系，处理这种财务关系，要建立健全内部管理责任制，充分调动各方面的生产积极性。

6. 与成员之间的财务关系

农村集体经济组织要把一部分收益，按照成员提供的劳动量或股份等进行分配，同时，在成员的上交款等方面发生资金结算关系。这种财务关系体现了农村集体经济组织与成员之间的分配关系及结算关系，处理这种财务关系，要正确地执行收益分配政策。

7. 与国家的财务关系

农村集体经济组织按规定向国家缴纳各种税金，体现了国家依法征税和农村集体经济组织依法纳税的权利和义务关系；同时，国家扶持农村集体经济组织的经济发展，以有偿或无偿方式拨给必要的生产经营资金，体现了国家对村集体经济的扶持。

四、农村财务管理的目标

农村集体经济组织财务管理的目标取决于农村集体经济组织的生存和发展目的，增加农民收益，促进农村发展。目前具有代表性的财务管理目标主要有以下几种。

1. 收益最大化

收益最大化是指农村集体经济组织通过有效的组织资金筹集、投放和分配等经营手段，使集体内部各成员获得最大收益。收益最大化可以用来衡量经营成果，在一定程度上体现了农村集体经济组织的经济利益，因此，提高收益，就是要加强管理，努力降低成本，增加收入。

2. 资本收益率最大化

资本收益率是收益额与资本额的比率。资本所有者是集体经济组织的出资者或投资者，他们投资的目标是为了取得资本收益，表现为可用来分配的收益额与出资额的对比关系。资本收益率既能反映出出资者的目标，也能反映出集体经济组织获取收益的能力和发展前景，有利于投资者作出评价和投资决策，同时，可以对不同资本规模的经济组织或同一经济组织不同时期进行比较。

3. 股东财富最大化

股东财富最大化是指通过财务上的合理经营，为股东带来最多的财富。目前我国各地农村集体经济组织因地制宜地实行“盈利共享、风险共担、先提后用、按股分红”的股份合作，考虑了资金时间价值和风险因素，在某种程度上克服了追求短期利益的行为，便于考核和评价农村集体经济组织的经营业绩。

4. 价值最大化

价值最大化是指通过财务上的合理经营，在考虑资金的时间价值和风险的基础上，使集体经济组织的总价值达到最大。这种

财务管理目标，充分考虑了取得报酬的时间和风险，符合财务管理的实质，能够克服片面追求短期利润的行为。

总之，农村财务管理目标的选择应符合农村经营管理的总目标，要有利于农村经济的发展，有利于国家利益、集体利益、成员利益，有利于资金的有效使用，有利于社会责任的履行，能够满足现阶段我国农村集体经济组织生存和发展的需要。

第三节 农村财务管理的原则和组织

一、农村财务管理的原则

1. 财务公开、民主管理的原则

农村集体经济组织是集体所有制组织，集体经济组织成员是集体经济的主人，他们最了解集体经济情况，最关心自己的劳动成果，所以，也最关心集体经济的发展壮大。因此，农村集体经济组织的每一项重大经济活动和财务事项，都必须经过成员民主讨论决定，集体经济组织必须定期向村民公布账务情况，接受群众监督。有这样，才能集思广益，群策群力，把财务管理搞好。

2. 统一管理与分散管理相结合的原则

由于农村集体经济组织实行统一经营与分散经营相结合的双层经营体制。因此，在财务管理上必须实行统一管理与分散管理相结合的管理体制。村集体经济组织应对直接经营的生产经营项目和管理服务事项的财务活动实行统一管理，而对独立核算的企事业单位和承包农户等实行分散管理。坚持统一管理与分散管理相结合的原则，有利于提高农村财务工作效率，提高经济效益。

3. 坚持为发展集体经济服务的原则

在社会主义市场经济条件下，农村的财务管理工作必须坚持为发展集体经济服务的原则，一切财务活动必须围绕这一中心进行。因此，每年年初应根据生产经营计划、承包合同及其他经济合同和市场情况等，在充分发扬民主，兼顾各方面利益以及有利于发展的基础上，坚持“量入为出，留有余地”的原则，编制好预算，管好用活集体资产，防止资产流失，加快农村经济发展。

4. 勤俭办事业的原则

农村应当坚持勤俭办事业的原则，一方面要自力更生，艰苦奋斗，广开生产经营门路，搞好各业生产，增加收入；另一方面要厉行节约，反对铺张浪费。坚持这一原则，就能做到合理使用资金，加速资金周转，为集体经济发展创造有利的条件。农村集体经济组织在坚持财务管理原则的同时，要建立健全财务管理制度，做好财务管理基础工作。具体包括财务人员管理制度、会计核算制度、财务计划管理制度、各项资产管理制度、现金管理制度、票据审批制度、非生产性开支控制制度、收益分配制度、外来资金管理制度、财务档案管理制度、财务互审制度、民主理财制度、财务公开制度等。

5. 正确处理国家、集体、个人三者之间利益关系的原则

农村财务管理直接体现了国家、集体、个人三者之间的利益关系问题，尤其是在收益分配方面。所以，必须按照国家在农村工作方面的有关方针、政策和法律法规处理农村中的各项事务，要按照国家的有关财经法规和内部财务管理制度进行财务管理，保证农村及农村集体经济组织依法经营、依法理财，正确处理各方面的利益关系，使国家、农村集体经济组织和成员的利益不受侵犯。

二、农村财务管理工作的组织

1. 健全各项制度，加强内部控制

实行规范财务建立健全各项制度，加强内部控制是实现规范

财务、搞好农村财务管理的有力保证。各村要依据《会计法》《会计基础工作规范》《村集体经济组织会计制度》等法律、制度的有关规定，结合农村财务管理工作实际，对现金收支、财务预算、开支审批、现金管理、财产登记管理、票据管理等方面制定一些具体可行的财务管理制度或管理办法，并经成员大会或成员代表大会讨论通过后及时公布，接受群众的监督检查。通过制度建设，并严格按章办事，实现资产管理、开支标准、账证表以及会计核算等方面的规范化，从制度上杜绝财务管理工作中的漏洞，同时，抓好财务公开工作，对财务公开工作进行程序化管理，明确职责，把聚财、管财、用财有机地统一起来，更好地为农村建设服务。

2. 推行“会计委派制、选聘制、代理制”的财务管理体制，强化会计的监督职能

会计委派制、选聘制、代理制就是由乡镇农村会计服务机构统一向社会招考、择优录取会计人员，为农村集体资产和财务管理服务。会计委派（选聘）制是招录的会计人员被分派（或选聘）到各个村办公，处理会计事务。会计代理制是会计人员集中在乡镇办公，每个月由各村（或各组）的报账员定期将收支票据送到会计服务机构记账。

3. 按需设岗，加强业务培训，提高村干部和财会人员的业务素质

要根据《会计法》和《村集体经济组织会计制度》的规定和实际工作需要，设置会计岗位，选聘会计人员，并制定岗位职责，加强内部约束机制。同时，在推行新的财务管理体制过程中，要加强对村干部的思想素质、业务素质的培养，掌握各项政策法规，实行科学管理。各乡、镇财务管理服务中心要定期或不定期地对村、组财会人员进行业务培训和考核，加强职业道德教育，提高他们的业务水平。

4. 建立农村集体经济审计机构，加强审计监督

各级农村集体经济管理部门和乡镇人民政府要设立农村集体经济审计机构，配备审计人员，持证上岗，监督检查执行国家有关财经法规和单位各项规章制度的情况。具体包括日常监督检查、年度财务收支审计、经济责任审计和专项审计等。对审计结果要出具内部审计报告，作为明确经济责任和考核奖罚的依据。同时，要严格执行农村集体经济审计工作作业规程和农村集体经济审计业务文书应用规范办法，促进审计程序、审计文书的规范，提高农村集体经济审计的权威。

第四节　农村财务管理的方法体系

一、财务预测

财务预测是根据财务活动的历史资料，考虑现实市场供求状况和本地条件，对农村集体经济组织未来的财务活动和财务成果作出科学的预计和测算。科学的财务预测是进行财务决策、财务计划的前提。在农村经济市场化迅速发展的情况下，通过科学的财务预测，进行正确的决策和计划，使农产品供产销逐步实现专业化、规范化、系列化和高科技化，是积极参与市场激烈竞争的一种有效手段。因此，财务预测的作用在于测算各项生产、种植、经营方案的经济效益，为决策提供可靠的依据；预计财务收支的发展变化情况，以确定经营目标；预计农村公共事业发展情况；确定各项定额和标准，为编制计划、分解计划指标提供服务。农村财务预测是在科学合理、规范的财务管理制度得以良性循环运作的基础上进行的，运用已取得的规律性的认识来指导未来。

二、财务决策

财务决策是指财务人员在财务目标的总体要求下，通过专门的方法从各种备选方案中选择最佳方案的过程。具体包括确定决策目标、提出备选方案、确定最优方案等步骤，这样在预测的基础上对各种方案进行科学的论证，作出有理有据的分析结论，确定预测的最优值，提出最佳方案，以便为集体、承包农户作出抉择提供依据。

三、财务计划

财务计划工作，是运用科学的技术手段，对目标进行综合平衡，制定主要计划指标，拟订增产节约措施，协调各项计划的过程。财务计划是落实目标和保证措施实施的必要环节，是财务预测所确定的经营目标的系统化、具体化，又是控制财务收支活动、分析和检查生产经营成果的依据。

财务计划主要包括：固定资产增减变动和折旧计划，定额流动资金及其来源计划、费用计划、收益计划、"一事一议"筹资筹劳等专款专用计划以及财务收支平衡计划等。除了各项计划表格以外，还要附列财务计划说明书。

确定财务计划指标的方法通常有平衡法、因素法、比例法、定额法等。

四、财务控制

财务控制是在财务管理过程中，以计划任务和各项定额为依据，利用有关信息和特定手段，对资金的收入、支出、占用、耗费进行日常的计算和审核，实现计划指标，提高经济效益。实行财务控制是落实计划任务、保证计划实现的有效措施。具体包括财务控制的制定和分解落实、财务控制的执行、财务控制差异的调整及分析考核。

常见的财务控制方法有防护性控制、前馈性控制、反馈性控制等。

五、财务分析与评价

财务分析与评价是根据相关信息资料，运用特定方法，对农村财务活动过程及其结果进行分析和评价的一项工作。通过分析与评价，可以掌握各项财务计划的完成情况，评价财务状况，研究和掌握农村财务活动的特点和规律性，改善财务预测、决策、预算和控制，改善农村财务管理水平，增加收益，提高经济效益。一般来说，财务分析与评价包括收集信息资料，发现问题，找出差异，分析原因，提出措施，改进工作等步骤。

常用的财务分析方法有对比分析法、比率分析法、综合分析法等。

六、财务监督与检查

财务监督与检查是保证农村集体经济组织的经济活动合理性、合法性、有效性的一种手段。通过财务监督，可以查明国家法律、法规和财经制度、财经纪律的执行情况，督促农村民主理财工作和财务公开更加完善和透明。财务活动的一收一支，往往涉及国家、集体、成员个人三者的利益关系的处理，关系财经制度、财经法纪的执行。通过财务检查，要揭露那些经济效益差、浪费损失大、增产不增收、产销不对路等倾向，揭露财务管理混乱、基础工作薄弱等方面的问题，更要揭露挤占成本、挪用资金、提高开支标准、滥发奖金、截留收益、偷税漏税、弄虚作假、多报冒领等违法乱纪行为。它不仅是维护国家财政收入、保证经济建设健康发展的主要措施，而且，对于端正社会风气，打击经济领域中的犯罪活动也有重要作用。

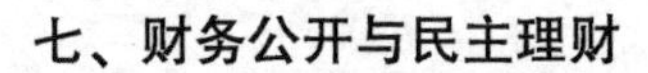

七、财务公开与民主理财

农村财务公开是指以一定方式将农村集体经济组织的财务活动情况及其有关账目，定期如实地向全体村民公布，以接受群众的有效监督。农村民主理财则是指农村集体经济组织以一定方式组织其成员参与村集体的财务管理，充分体现农民群众民主管理的权利。两者形式不同，但本质是一样的，都是农村财务管理的基本要求和村务公开与民主管理的重要内容，是民主管理在财务管理中的具体体现，是建立健全农村集体经济组织及其运行机制的必然选择。因此，必须认真落实财务公开，充分发挥民主理财的积极作用，严格堵塞各种管理漏洞，降低管理成本，促进农村集体理财水平的不断提高。

第二章　农业资产管理

第一节　农业资产概述

农业资产是指村集体经济组织拥有的牲畜（禽）和林木方面的资源，包括牲畜（禽）资产和林木资产两大部分。从形态上看，农业资产主要是活的动物和植物等生物资产。农业资产的范围就是牲畜（禽）资产的幼畜、育肥畜、产畜和役畜及林木资产的经济林木和非经济林木。

一、农业资产的特点

1. 农业资产具有多样性

农业资产包括的范围很广，种类繁多，不同类型的农业资产又具有不同的生长发育和衰老规律，如植物和动物就有完全不同的生长发育及衰亡规律。由于这个特点，决定了在对其生产经营和财务会计管理上应该分别采用不同的方法。

2. 农业资产具有地域性

由于动植物依赖自然环境而生长，各地自然条件的差异往往影响和决定其品种、生长速度和质量及特色，如温度、土壤条件、光照、降水等自然条件决定了农业资产的品种、产量和质量及特色。

3. 农业资产的生命周期不同

农业资产有的生命周期很长，如林木，长达十几年或几十

年，甚至更长；有的生命周期又很短，在一年之内。因此，在财务和会计管理上也应该区别不同情况，采用合适的方法来反映它的成本费用，计算其价值。

4. 农业资产具有流动资产和长期资产的双重特征，并可以相互转化

在农业资产中对一些家畜（禽），如牛、羊和兔、鸡等，如果单纯以肉食为目的，一般只利用1次，这时，这些家畜（禽）具有流动资产的特征；如果是以取得其仔、乳、毛、蛋为目的，这些资产就可以多次利用，在生命周期内不断繁衍，所以，这时它们还具有固定资产的特征。

5. 农业资产是自然再生产和经济再生产的统一体

农业资产可以靠自然生长而自然增值，有自我生长、发育、繁殖和衰退的自然规律。同时，也有人的劳动附加之上而形成的价值。因此，农业资产是自然再生产和经济再生产的统一体。

6. 农业资产的维持等后续费用连续不断

农业资产投入后，为了维持农业资产的存活和高产稳产，需要在后续整个生长和存活期间不间断地连续投入。

二、农业资产的价值构成

（1）购入的农业资产，应该按照其购买价格加上与此相关的运输、包装、保险及税金等支出作为初始计价成本。

（2）幼畜及育肥畜的饲养费用、经济林木投产前的培植费用和非经济林木郁闭前的培植费用，按实际成本计入相关资产成本。

（3）产役畜、经济林木投产后，应将其成本扣除预计残值后的部分在其正常生产周期内按直线法分期摊销，预计净残值率按照产役畜、经济林木成本的5%确定。

（4）产役畜的饲养费用作为期间费用，计入各期的经营支

出中。购入或营造的经济林木投产后发生的管护费用计入期间费用，非经济林木郁闭后发生的管护费用计入其他支出。

(5) 已提足折旧但未处理，仍继续使用的产役畜、经济林木不再摊销。

(6) 农业资产死亡毁损时，按规定程序批准后，按实际成本扣除应由责任人或者保险公司赔偿的金额后的差额，计入其他支出。

第二节 牲畜（禽）资产管理

牲畜（禽）资产是指村集体经济组织购入或自行培育的牲畜和家禽类资产，属于活的动物资产，常见的有牛、羊、奶牛、马、仔猪、仔鸡等。包括消耗性的幼畜及育肥畜；生产性的产畜及役畜。

一、牲畜（禽）资产的类别

牲畜（禽）资产可以按照用途分成如下类别。

1. 幼畜及育肥畜

幼畜是指尚未成龄的畜、禽类资产，包括未成龄的牛、马、鸡、鹅、猪等。育肥畜（禽）是指达到一定的生长期，但尚未出售的畜（禽）类。这一部分牲畜资产的饲养目的是为了出售，供人类消费，属于消耗性牲畜资产。

2. 产、役畜，包括产畜（禽）和役畜两类

产畜（禽）是指用来生产畜（禽）类农产品的生产性农业资产，如母猪和母鸡用来生产小猪和产蛋，生产出人们需要的农产品。役畜则是指供人用来役使出力的牲畜，如用来耕地和运输的牛、马、驴、骡，属于生产性牲畜资产。

除以上外，对特色养殖（如蜜蜂、狐狸等）、一些村开展特

色旅游饲养的动物等，也应该按照消耗性和生产性特点分类，归到以上相应的类别中管理。

二、牲畜（禽）资产的计价

（1）外购的幼畜及育肥畜，应该按照购买时实际支付的价款和应该负担的运杂费等构成其初始成本。

（2）自行繁育和养殖幼畜，按照平时各项支出（包括应该负担的各项摊销费用）累计计算成本。

以上幼畜及育肥畜在饲养期间发生的饲养费用要进行资本化处理，计入牲畜资产价值中。

（3）幼畜成龄转为产役畜。当幼畜成龄时，应该转到产役畜类进行管理，之后发生的各项费用不能资本化，不再计入牲畜资产价值，而是列入当期经营费用中。

（4）产役畜转为育肥畜。当产役畜过了产龄和役龄后，就要转为育肥畜，以待育肥后出售。在财务上应该将成本从产役畜划转为育肥畜。

（5）其他来源取得的。从其他来源取得的牲畜资产，按照当时取得时的实际情况确认。如果是捐赠的，应该按照所附发票上记载的金额加上实际发生的杂项费用计算其成本。如果没有价值证明的，应该以市场价格作为取得资产的入账价值。如果是投资者投入的牲畜资产，应按照合同商定的价值作为取得成本。

（6）牲畜（禽）资产的处理。集体经济组织牲畜（禽）资产减少的情况主要有对外销售、对外投资、死亡毁损。村财务部门应该及时地履行手续，做好账务处理。

三、牲畜（禽）资产的日常管理

牲畜（禽）资产的养殖风险比较大，如果品种选择不好，平时饲养、防疫等管理不到位，销售市场开拓不好，也会给村集体经济组织带来经济损失，所以，应该加强牲畜（禽）资产的日常管理。

在养殖项目的选择上应该注重特色。要积极采用新品种、新技术，并积极创造和培养品牌项目。注意传统养殖和科学管理相结合，发展特色优势明显的农业主导产品或特色品牌，从而大幅度提升农村的经济效益和综合竞争力。

要抓好规模化养殖。实现规模化养殖既可增加经济效益和抵抗市场风险的能力，还可以享受到一定的社会服务，如科技服务、防疫服务、金融服务和政府的养殖补贴等，还可以占有更多的销售市场份额。

第三节 林木资产管理

一、林木资产的类别

林木资产是指村集体经济组织农业资产中的植物资产。林木资产一般可分为经济林木和非经济林木 2 种。

1. 经济林木

经济林木是指以利用林木的果实、种子、树皮、花、叶、根、树脂、果品、食用油料、工业原料和药材等为主要目的的林木资源，如橡胶树、苹果树、梨树、核桃树等。

2. 非经济林木

非经济林木是村集体经济组织拥有的以育材、薪炭为主要利用目的的林木资源。

在实际工作中，村集体经济组织还负责村庄周边的国有生态林（如防风林、固沙林和水土涵养林等）、绿化林、水土保持林等的管理，但只负责对这些林木的日常管护，当地政府给予一定的看护补贴，所以，不在以上资产范围内。此外，村民利用房前

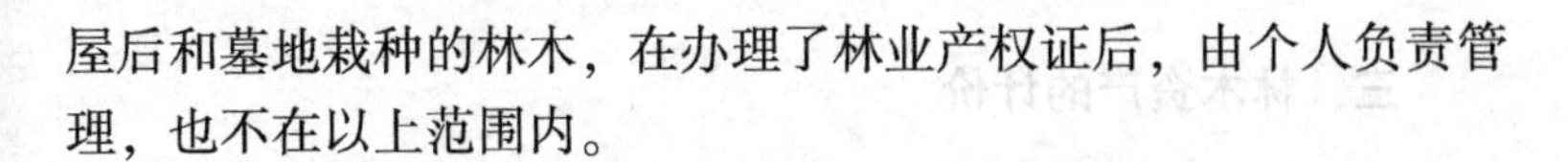

屋后和墓地栽种的林木，在办理了林业产权证后，由个人负责管理，也不在以上范围内。

二、林木资产的特点

林业生产属于栽培业生产，林木资产除了具有以上介绍的农业资产的共有特点外，林木资产与其他资产相比有独特的特点。

1. 具有可再生性

林业资产是可再生性资产，可以永久利用。但是，如果保护不当，也会造成破坏与衰亡。

2. 生产的高风险

由于生长时间长，林木生长和未来林木市场价格变化无法准确预测，特别是随着科技发展，林木的新型代用材料不断出现，从而会给林木资产的管理和未来收益带来许多不确定性因素，有一定高风险性。

3. 生产周期长，资金周转缓慢，贡献方式不断变化

林木资产是由人力和自然力共同作用而形成的资产。林木的生长周期长，一般来说，林业资产的培植期间最少的需要3年以上，短则十余年，长则几十年甚至上百年，其成长和成材在很大程度上受自然因素的影响。其形态伴随生长阶段而变化，其价值和发挥作用的方式也随生长阶段发生变化。

4. 会产生综合效益（即经济效益、生态效益和社会效益）

村集体经济组织利用山岭、沟壑和荒地及田间地头种植林木，发展林业，既可以积累林木资产，又增加了植被，提高了森林覆盖率，改善了自然环境，使经济效益、生态效益和社会效益同时增长。

三、林木资产的计价

（一）林木资产成本的计算

1. 经济林木

对村集体经济组织自己组织培育的经济林木，要按照培育期间发生的各种费用归集成本。对从外地购入的经济林木，按照其购买价加上各种应该负担的运杂费用等归集成本。

对经济林木来说，购入和培育后一直到林木投产前发生的各项费用，称为培植费用。对投产前期发生的培植费用，要按照实际发生的材料、工资和应负担的其他费用归集成本费用，进行资本化处理，即计入林木资产价值中；对投产后发生的管护费用，要按照实际发生的各项费用归集，不作资本化处理，在经营支出中列支；将投产前各期累计的成本总额，在预计的生产周期内进行分摊，计入各期成本费用中。

2. 非经济林木

对村集体经济组织自己组织圃育和购入的非经济林木，可以按照以上经济林木的办法处理，即郁闭前发生的各项培植费用，应该按照材料、工资、各项费用归集，进行资本化处理，计入林木资产价值中；郁闭后发生的管护费用，包括工资、材料等，列入其他支出项目，不做资本化处理。

（二）林木资产的处理

村集体经济组织林木资产的处理主要有采伐出售、对外投资和死亡及偷盗、毁损等几种情况，其财务处理应该按照以下原则进行。

1. 采伐出售

要按照林业政策规定，经林业部门批准采伐出售的，应该及时收回货款，并及时结转成本。

2. 对外投资

如果村集体经济组织将林木资产作为对外投资资本时，应该对林木资产进行资产评估，以评估的价值作为投资双方的基础价格。当双方确定了最终价格后，确定的数额与平时成本积累的数额如有差异，则在公积公益金项目内调整，进行账面处理，如合同确定的金额大于总成本额，溢价部分增加公积公益金；如果合同确定的金额少于实际总成本，其差额部分则减少公积公益金。

3. 偷盗、死亡毁损

当林木资产发生被偷盗或自然毁损时，应该按照牲畜（禽）资产的处理原则和程序进行处理，已投保的，向保险公司索赔；属于责任事故的，由事故责任人负责赔偿损失。

四、林木资产的管理

首先要建立林木资产的实物管理制度，有明确的分工负责制度，并建立实物管理账册，科学管理，保证林木资产的安全完整，并保持旺盛的生长状态；其次是加强价值量的管理，要建立核算管理制度，特别是成本管理制度，控制成本费用支出，努力降低成本费用消耗，保证林木资产在将来能取得经济效益。在具体管理过程中，要注意对林木资源的合理利用和保护。在林木生长周期内为解决生产周期长、资金周转缓慢的问题，要在林种选择上注意长短结合、以短养长，正确处理采伐与更新的关系，提高林业资产所能带来的经济效益、生态效益和社会效益。

第三章　固定资产管理

第一节　固定资产概述

一、固定资产的概念

固定资产是指使用年限在 1 年以上，单位价值在规定标准以上，并且在使用过程中保持原有物质形态的资产。按照现行财务会计制度的规定，农村集体经济组织的房屋、建筑物、机器、设备、工具、器具和农业基本建设设施等劳动资料，凡使用年限在 1 年以上，单位价值在 500 元以上的列为固定资产。不同时具备上述 2 个条件的劳动资料，列做低值易耗品。有些主要生产工具和设备，单位价值虽低于规定标准，但使用年限在 1 年以上的，也可列为固定资产。

二、固定资产的分类

（一）按经济用途分类

农村集体经济组织的固定资产，按经济用途可分为生产经营用固定资产和非生产经营用固定资产。生产经营用固定资产是指直接参加或服务于生产经营过程的各种固定资产，具体包括房屋、建筑物、机器设备、器具及农业基本建设设施等。非生产经营用固定资产，是指不直接服务于农业生产经营过程的各项固定资产，例如学校、幼儿园、理发店、浴室、医院、科研机构专用

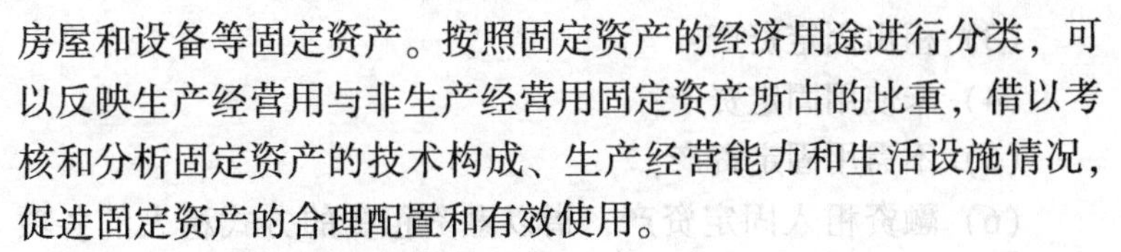

房屋和设备等固定资产。按照固定资产的经济用途进行分类，可以反映生产经营用与非生产经营用固定资产所占的比重，借以考核和分析固定资产的技术构成、生产经营能力和生活设施情况，促进固定资产的合理配置和有效使用。

（二）按使用情况分类

农村集体经济组织的固定资产，按其使用情况可分为使用中固定资产、未使用固定资产和不需用固定资产。使用中的固定资产是指目前正在使用中的生产经营性固定资产和非生产经营性固定资产，包括因季节性、大修理等原因暂时未使用的固定资产，出租给其他单位使用的固定资产以及因某种原因在内部替换使用的固定资产。未使用的固定资产是指尚未投入使用的固定资产，包括尚未投入运营的新增固定资产、因改扩建等原因暂时停止使用的固定资产等。不需用的固定资产是指多余的或不适用等待处理的固定资产。按照固定资产的使用情况分类，可以掌握固定资产的利用情况，促使对未使用和不需用的固定资产及时采取措施，以提高固定资产的使用效率，并为计提固定资产折旧提供依据。

（三）按所有权分类

农村集体经济组织的固定资产按其所有权可分为自有固定资产和租入固定资产。自有固定资产和租人固定资产的区别在于：前者属于本单位自己的财产，可以自主支配；后者不属于本单位的财产，单位一般是依照合同或协议拥有使用权，同时，负有支付租金的义务。有时，在自有固定资产项下，又可再分为自用固定资产和租出固定资产。

在实际工作中，农村集体经济组织的固定资产一般是综合以上按经济用途、使用情况及所有权几种分类，划分为下列六类。

（1）生产经营用固定资产；

（2）非生产经营用固定资产；

(3) 租出固定资产;

(4) 未使用固定资产;

(5) 不需用固定资产;

(6) 融资租入固定资产，指以融资租赁的方式租人的各项固定资产，在租赁期间视同自有固定资产进行管理。

三、固定资产的计价

(一) 固定资产的计价基础

1. 原始价值

固定资产的原始价值，简称原值或原价，又称历史成本。它是指在购置或建造固定资产时所实际发生的全部支出，包括购置或建造的价款、运杂费、保险费、包装费、安装费以及购建期间发生的利息支出等，按原始价值计价，就是按取得某项固定资产的实际成本计价，这是固定资产最基本的计价基础。采用这种计价基础，可以反映固定资产的原始投资，是计提折旧的依据。

2. 重置完全价值

固定资产的重置完全价值，又称现行重置成本，是指在目前的技术和经济条件下，重新购置或建造固定资产所需的全部支出。当账外盘盈或接受捐赠的固定资产无法确定其原值时，或按国家有关规定对固定资产进行重新估价时，通常采用这种标准计价。

3. 净值

固定资产的净值，又称折余价值，是指固定资产的原始价值或重置完全价值减去已折旧后的余额。采用净值计价，可以反映当前实际占用固定资产的数额及其新旧程度，以便适时安排固定资产的更新改造。

(二) 固定资产的价值构成

固定资产的价值构成，是指固定资产价值所包括的范围或具体内容。农村集体经济组织应按照现行会计制度的有关规定，确

定固定资产的原值并登记入账。

（1）购入的固定资产，不需要安装的，按实际支付的买价加采购费、包装费、运杂费、保险费、缴纳的税金等计价；需要安装或改装的，还应加上安装费和改装费。

（2）新建的房屋及建筑物、农业基本建设设施等固定资产，按竣工验收的决算价计价。

（3）接受捐赠的固定资产，应按发票所列金额加上实际发生的运输费、保险费、安装调试费和应支付的相关税金等计价；无所附凭据的，按同类设备的市价加上应支付的相关税费计价。

（4）在原有固定资产基础上进行改造、扩建的固定资产，按原有固定资产的价值，加上由于改造、扩建而增加的支出，减去改造、扩建过程中发生的变价收入计价。

（5）投资者投资转入的固定资产，按投资各方确认的价值计价。

（6）盘盈的固定资产，按同类固定资产的市价计价。

（7）融资租入的固定资产，按租赁协议确定的设备价款、运输费、途中保险费、安装调试费等支出计价。如果合同规定的价款中已包含价款利息和手续费的，一般应将利息和手续费从原价中扣除，如果融资租入的固定资产价值不大，而期限又不长，可不单独核算利息和手续费。为取得固定资产而发生的借款利息支出和有关费用以及外币借款的折合差额，在固定资产尚未交付使用或已投入使用但尚未办理竣工结算前发生的，应当计入固定资产价值；在此之后发生的，应当计入当期损益。为了保证固定资产核算的连续性和正确性，对已经入账的固定资产，除发生下列情况外，不得任意变动其价值。

（1）根据国家规定，对固定资产价值进行重新估价；

（2）增加补充设备或改良装置；

（3）将固定资产的一部分拆除；

(4) 根据实际价值调整原来的暂估价值；

(5) 发现原计固定资产价值有错误。

四、固定资产管理的要求

农村集体经济组织固定资产管理的基本要求如下。

(1) 合理确定固定资产价值，规范固定资产价值管理。

(2) 合理地控制固定资产的占用规模，提高固定资产利用效率。

(3) 正确计提固定资产折旧，包括正确核定计提折旧的范围，正确选择计提折旧的方法。

(4) 建立健全固定资产管理责任制，保证固定资产的安全与完整。

第二节 固定资产的折旧

一、固定资产折旧的含义

固定资产由于各种原因，其价值会发生损耗，由损耗而转移到费用或成本中去的那部分价值，称为固定资产折旧。固定资产的价值损耗包括有形损耗和无形损耗2种。有形损耗，也称物质损耗，是指固定资产因使用而发生的机械磨损和因自然力的作用而发生的自然磨损。由于这2种情况的损耗是有形的和可见的，故称为有形损耗。固定资产自全新投入使用到其报废时为止的整个时间，称为固定资产使用年限。只考虑固定资产有形损耗因素而确定的使用年限，称为固定资产的物理使用年限，这个年限的长短主要取决于固定资产本身的耐磨程度、工作负荷、安装质量以及抗腐蚀性等因素。固定资产的无形损耗，也称为精神损耗，是固定资产（特别是机械设备）在社会劳动生产率不断提高的

条件下而引起的价值贬值。包括由于生产同种设备的社会劳动生产率提高，而引起的该种设备价值的降低和贬值以及由于有更新、更先进、更高效的机器设备问世，使原有相对落后的设备的继续使用成为不经济，从而不得不提前报废所造成的损失。

二、计提固定资产折旧应考虑的因素

（一）固定资产应计提折旧总额

固定资产应计提折旧总额是指单项固定资产从开始使用至报废清理的全部使用年限内应计提的折旧总额。固定资产在报废清理时会发生清理费用，这部分清理费用应视为使用固定资产的必要支出，在计提折旧时予以考虑。预计清理费用一般从预计残值收入中扣除。预计残值收入减去预计清理费用后的余额，称为预计净残值。某项固定资产的原值减去预计净残值，即为该项固定资产的应计提折旧总额。

（二）固定资产预计使用年限

固定资产预计使用年限是指固定资产预计的经济使用年限，即确定固定资产的使用年限，既要考虑固定资产的有形损耗，又要考虑固定资产的无形损耗，同时，考虑这2种损耗而确定的固定资产使用年限。

（三）固定资产预计工作总量

固定资产预计工作总量是指固定资产从开始使用至报废清理的全部使用年限内预计完成的工作总量。

三、固定资产折旧的方法

农村集体经济组织固定资产的折旧方法，一般采用平均年限法，运输设备、耕作、收获等农用机械也可采用工作量法。

（一）平均年限法

平均年限法，是根据固定资产的原值减去预计净残值，按照预计使用年限平均计算折旧额的一种方法。由于这种方法所计算的折旧额，在各个使用年份或月份中都是相等的，折旧的累计额随使用时间呈直线上升的趋势，因此，也称为直线法。其计算公式为：

$$年折旧额=\frac{原值-预计净残值}{预计使用年限}$$

$$月折旧额=\frac{年折旧额}{12}$$

【例3-1】某村有经营用房屋一幢，原值30万元，预计使用30年，预计报废时净残值1.2万元。则计算公式如下。

$$年折旧额=\frac{30-1.2}{30}=0.96\ 万元$$

$$月折旧额=\frac{0.96}{12}=0.08\ 万元$$

在实际工作中，通常利用折旧率来计算固定资产折旧额。固定资产折旧率就是折旧额和原值的比率。其计算公式如下。

$$年折旧率=\frac{1-预计净残值率}{预计使用年限}$$

$$年折旧额=原值\times 年折旧率$$

$$月折旧额=原值\times 月折旧率$$

$$月折旧率=\frac{年折旧率}{12}$$

固定资产折旧率，按其计提比率的对象不同，又可分为个别折旧率、分类折旧率和综合折旧率3种。个别折旧率是指按每项固定资产分别计算的折旧率；分类折旧率是指按固定资产类别计算每一类固定资产的折旧率；综合折旧率是指按全部固定资产计算的折旧率。农村集体经济组织可根据自己的实际情况选用一种折旧率。

【例 3-2】续上例。

$$预计净残值率=\frac{1.2}{30}=4\%$$

$$年折旧率=\frac{1-4\%}{30}=3.2\%$$

$$月折旧率=\frac{3.2\%}{12}=0.267\%$$

$$月折旧额=30\times0.267\%=0.08\ 万元$$

（二）工作量法

工作量法是根据固定资产的工作量计提折旧额的一种方法。它适用于固定资产损耗与其完成工作量有直接关系，或因季节性影响在计提期间使用很不均匀的固定资产，如汽车、拖拉机、收割机等。其计算公式如下。

$$单位工作量应提折旧额=\frac{原值-预计净残值}{预计使用年限内可完成工作量}$$

$$月折旧额=该月实际完成的工作量\times单位工作量应提折扣额$$

【例 3-3】某村有运输卡车一辆原值 60 000元，预计总行驶里程为 500 000千米，预计净残值 2 500元。本月行驶 4 000千米。该辆汽车的月折旧额计算如下。

$$每行驶1千米折旧额=\frac{60\ 000-2\ 500}{500\ 000}=0.115\ 元$$

$$本月折旧额=4\ 000\times0.115=460\ 元$$

四、固定资产折旧的范围

1. 农村集体经济组织的下列固定资产，应当计提折旧

（1）房屋和建筑物（无论使用与否）；

（2）在用的机械、设备、运输车辆、工具器具；

（3）季节性停用和大修理停用的固定资产；

(4) 融资租入和以经营租赁方式租出的固定资产。

2. 下列固定资产不计提折旧

(1) 房屋、建筑物以外的未使用、不需用的固定资产;

(2) 以经营租赁方式租入的固定资产;

(3) 已提足折旧继续使用的固定资产;

(4) 国家规定不提折旧的其他固定资产。

农村集体经济组织应严格按照以上规定的范围，既不能漏提折旧，也不能任意扩大计提范围。

3. 在折旧的控制上还要做好以下几点

(1) 控制好计提折旧的时间。按规定，月份内开始使用的固定资产，当月不计提折旧，从下月起计提折旧；月份内减少或停用的固定资产，当月仍计提折旧，从下月起停止计提折旧。

(2) 选择适当的折旧方法。按会计制度规定，农村集体经济组织可在“平均年限法”“工作量法”等方法中任选一种，但是，一经选定，不得随意变更。

(3) 正确列支固定资产折旧费用。要根据固定资产的用途，正确列支折旧费用，例如，农村集体经济组织经营性固定资产的折旧费用列入经营支出，管理用固定资产的折旧费列入管理费用等。这样有利于计算经营收入，考核业绩；也能正确地确定固定资产的价值补偿，保证资金的正常有效周转。

第三节 固定资产的日常管理

一、建立和健全固定资产日常管理的基础工作

(一) 实行固定资产的分级归口管理

固定资产种类复杂，数量较大，固定资产的使用涉及面广，为此，要建立固定资产的使用与保管岗位责任制，并实行分级归

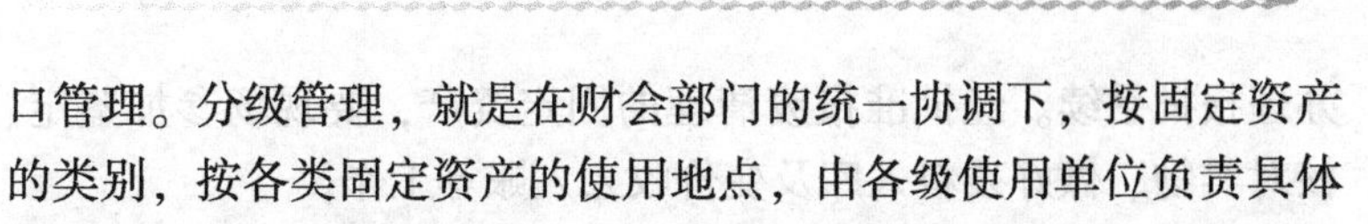

口管理。分级管理，就是在财会部门的统一协调下，按固定资产的类别，按各类固定资产的使用地点，由各级使用单位负责具体管理，并进一步落实到人；归口管理，就是按固定资产的使用地点，将各类固定资产分别交由内部各级单位管理，有些资产的管理责任还要具体落实到个人，做到层层负责任，物物有人管，使固定资产的安全保管和有效利用得到可靠保证。

（二）编制固定资产目录

固定资产目录的格式，如下表所示。

表 固定资产目录

编号	名称	单位	规格型号	出厂年份和厂名	预计使用年限	原始价值	管理部门	备注

（三）建立固定资产账目和卡片

固定资产卡片应按每项固定资产单独设立，分别登记该项固定资产的编号、名称、型号、类别、原始价值、预计使用年限以及验收、启用、转移、修理、报废清理等情况。固定资产卡片应一式多份，由使用部门、财会部门和各有关部门分别持有、保存。

（四）建立健全固定资产增减变动、转移交接、报废清理等手续制度

对于新购建的固定资产，要深入现场，根据有关凭证、认真办理验收手续，清点数量、检查质量、核实造价和买价，发现问题及时采取措施解决。固定资产在内部各部门之间转移时应按规定办理移交手续。调出固定资产，要核实有关调拨手续、查对实物、按质议价，并办好报批手续。固定资产报废时，也要按规定

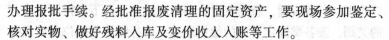

办理报批手续。经批准报废清理的固定资产，要现场参加鉴定、核对实物、做好残料入库及变价收入入账等工作。

(五) 建立定期检查和盘点固定资产制度

要深入现场，根据固定资产账目、卡片，逐一清点，做到账卡、物相符；发现问题，应认真查明原因，分清责任，妥善处理。在清查盘点中，还应注意了解固定资产的使用和维护情况。

(六) 建立必要的奖惩制度

农村集体经济组织拥有的固定资产数量较多，保管和使用又较分散，为使管理责任制落到实处，还需要建立一套完整的奖惩责任制度。

二、加强固定资产增减变动的管理

1. *固定资产增加的管理*

农村集体经济组织固定资产增加的途径主要有购入、自行建造、投资者投资转入、融资租赁方式租入以及接受捐赠和盘盈等。由于增加途径不同，在管理上也各有侧重。

(1) 对购置新的固定资产，必须编制购置计划，按照规定的审批权限，报经批准后方可购置。购置大额的固定资产，要经成员大会或成员代表大会讨论通过。农村集体经济组织财会部门对新购置的固定资产，应按规定设置固定资产项目。

(2) 对于通过基本建设新建的固定资产，要编制基本建设财务计划，经成员大会或成员代表大会讨论决定。对于已竣工的工程，应严格审查工程质量，办好验收交接手续，核定固定资产原值，进行财产登记、编号，保证账实相符。

(3) 对于投资者投入的固定资产，应核实其作价是否合理，有关手续、凭证是否齐全，非新购建的固定资产投资，还应验证其作价是否是投资各方确认的价值或经过有资质的评估机构评估的价值。

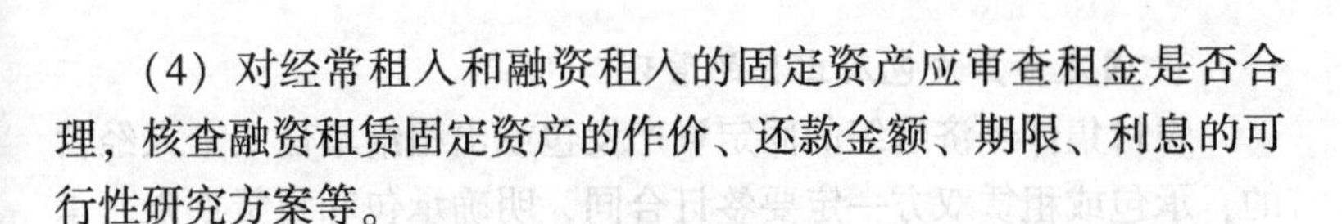

(4) 对经常租入和融资租入的固定资产应审查租金是否合理，核查融资租赁固定资产的作价、还款金额、期限、利息的可行性研究方案等。

(5) 对于其他形式增加的固定资产，主要审查作价是否科学，手续是否完备，程序是否合规。

2. 固定资产减少的管理

农村集体经济组织固定资产减少，主要包括对外投资、出售、报废、盘亏等几种情况。

(1) 固定资产对外投资的管理。农村集体经济组织将闲置不用的固定资产以投资形式向外单位或所属单位和个人进行投资时，要合理确定投资价值，按规定审批后，办理好投资手续。

(2) 固定资产出售的管理。农村集体经济组织将不需用的固定资产变价出售给单位或个人，应合理作价，按规定办理审批手续。其中，大中型固定资产的出售要报乡（镇）业务主管机构审查，经成员大会或成员代表大会讨论决定。对批准出售的固定资产，买卖双方要办好契约和财务手续，及时回收款项，避免资产流失。

(3) 固定资产报废的管理。农村集体经济组织固定资产的报废，应查明原因，按规定办理报废手续。其中，大中型固定资产的报废应报乡（镇）农经站审查，经村民大会或村民代表大会讨论通过。如属于使用不当或其他非正常原因造成报废，应追究有关人员的责任。财会人员应根据报废手续正确处理好账务，及时收取残值。

(4) 盘亏固定资产的管理。对于盘亏的固定资产，应填制固定资产盘亏报告表，并查明原因，经批准后做其他支出处理。盘亏数额较大的，还需要经过成员大会或成员代表大会批准。盘亏如果是属于个人责任，应酌情由个人赔偿。

3. 固定资产发包及出租的管理

农村集体经济组织的固定资产发包或出租给单位或个人经营的，承包或租赁双方一定要签订合同，明确承包和租赁期限、承包金、租金的支付方式，承包和租赁后如需改建，改建和扩建部分财产如何处理；使用、维护和管理要求以及违约责任等事项。村集体经济组织应对发包或出租的固定资产提取折旧，确定的承包金、租金不得低于承包期、租赁期内提取的折旧数额。对承包者或租赁者不按合同规定使用固定资产，或无正当理由不及时向农村集体经济组织交纳应上交的承包金或租金的，农村集体经济组织应向其收取违约金，或经农业承包合同管理机关裁定，将固定资产收回。承包或租赁者损坏的固定资产要及时修复；不能修复的要按质论价，由承包或租赁者赔偿。

三、按财务制度规定计提固定资产折旧

正确计提固定资产折旧，对于保证固定资产顺利更新，充分发挥固定资产的使用效率，具有十分重要的意义。因此，认真计提固定资产折旧，是固定资产日常管理的重要内容。固定资产更新是对固定资产的整体补偿，也就是以新的固定资产来更换需要报废的固定资产。农村集体经济组织可以结合自己的具体情况，全面规划，有重点、有步骤地进行固定资产更新。

四、合理安排固定资产的修理

为了保证固定资产的正常使用，并发挥其应有的功能和维持良好的状态，必须经常对其进行维修和保养。在进行固定资产修理所发生的修理费时，可直接计入有关费用。

第四章　流动资产管理

农村集体经济组织拥有的资产分为流动资产、农业资产、固定资产和无形资产等。对农村集体经济组织拥有的，在一年内或者一个营业周期内就耗用完的，或者经过变卖可以成为现金的资产，称为流动资产。流动资产主要包括货币资金、应收款项和存货等。

第一节　货币资金的管理

货币资金是指农村集体经济组织在生产经营和社区管理服务中，处于货币形态的那部分流动资产。货币资金主要包括现金和银行存款。货币资金是流动性最强的一种资产，也是唯一能够直接转换为其他任何类型资产的资产。农村集体经济组织必须加强对货币资金的管理，确保货币资金的安全性、完整性、合法性和有效利用。

农村集体经济组织要建立货币资金收支的内部牵制制度。农村集体经济组织对货币资金的管理要实行不相容职务相互分离的制度。合理设置会计、出纳及相关的工作岗位，明确职责，相互制约，确保资金的安全。也就是说，业务的授权批准、现金管理、物资管理、会计记录、稽核检查5个方面应各自分离，明确各自的职责权限，形成相互制衡的机制。例如，授权批准人员与业务经办人分离；物资管理人员不能负责收款；银行单据签发和印鉴保管应当分工负责，支票和财务印鉴不能由一人保管；会计、出纳不能相互兼职，不得由一人办理货币资金流通的全部过程等。建立内部牵制制度的目的是为了建立内部制约机制，使资金支出环环相扣，各环节相互制约，在制度上堵塞可能出现的漏洞。

要加强对货币资金的预算编制，避免资金不足和过剩所产生的不利影响，严格控制无预算或超审批权限的资金支出，使各项支出的执行都有预算和定额控制。

货币资金的收付只能由出纳员负责，其他人员不得接触货币资金；农村集体经济组织每笔收入、支出都要及时开具或取得发票，现金结算款项要及时送存银行。发生的货币资金的收入与支出应当立即入账，并做到日清月结。

要规范货币资金的管理程序，明确货币资金的审批权限，超限额或重大事项资金支付要实行集体审批，要严格支出审批程序，每笔支出都应有单位负责人审批、民主理财小组和会计主管审核、会计人员复核，不能因为对货币资金的管理不善而影响农村集体经济组织的正常运转和经营效益。

一、现金的管理

现金也称为库存现金，是货币资金的重要组成部分。由于现金可以用来购买任何商品，又是农村集体经济组织支付能力的直接表现，所以，村财务应该把现金作为一项重要且特殊的资产进行管理。

1. 现金支出的管理

农村集体经济组织要严格按照中国人民银行规定的现金结算范围进行现金开支。使用现金结算的范围有干部和村民参加统一经营劳动的工资、津贴和个人劳务报酬，支付给个人的奖金；支付村民的各种福利费、年终收益分配；各种社会保险和社会救济支出，如抚恤金、助学金、退休金、丧葬补助费等；因公出差人

员必须随身携带的差旅费；农村集体经济组织向个人收购农副产品和其他物资的价款；日常零星开支等。对超出以上范围的现金支出，应该通过银行划转。

出纳人员每一笔款项都应以健全的会计凭证和完备的审批手续为依据，款项收付后，收付款凭证应及时盖上“收讫”“付讫”章，以免重复收付款。

不准“坐支现金”。所谓“坐支现金”是指从集体经济组织获得的现金收入中直接支取使用的行为。村财务如确实需要坐支现金的，应该事先向开户银行申请。

不准以“白条抵库”。“白条”是指不正规的支出票据。白条抵库就是以非正规的条据作为使用现金支出的凭证，并将这些“白条”抵作库存现金的行为。“白条抵库”容易引发现金舞弊等问题。

不准将单位收入的现金以个人名义存入储蓄，即不得“公款私存”；不准保留账外公款，即不得设置“小金库”等。银行对于违反上述规定的单位，将按照违规金额的一定比例予以处罚。

2. 现金收入的管理

现金收入管理的主要目的是足额并尽快收回应该收回的现金。主要做好以下方面的工作。

加强发票的请购、领用、稽核、核销工作，发票管理人员和收款人员相分离；对收到的现金，要做到不坐支、不挪用、不私存，确保收入的完整；要减少现金的浮游时间，收回的现金及时交存银行；出纳人员要做到每日现金日记账余额与保管的现金核对相符，并经常与会计核对账目。

二、银行存款的管理

银行存款是农村集体经济组织存放于银行或其他金融机构的货币资金。按照国家有关规定，凡是独立核算的单位，都必须在当地的银行开立账户。农村集体经济组织除按核定的限额保留库存现金外，超过限额的现金必须存入银行。除了在规定的范围内可以用现金直接支付外，在经营过程中所发生的一切货币收支业务，都必须通过银行账户进行转账结算。

按照中国人民银行的规定，农村集体经济组织在使用银行存款账户时要遵守以下规定。

(1) 银行存款账户只能办理本村集体经济业务事项，不得向外单位或个人出租、出借或转让账户，也不得将农村集体经济组织的存款以个人名义转存。

(2) 按照规定用途使用账户，不得弄虚作假、套取现金和套购物资。

(3) 单位的账户上必须有足够的资金保证支付，不准签发空头支票。

(4) 银行存款要及时对账，定期编制银行存款余额调节表。发现核对不符的，应当查明原因，及时调整账务。

第二节　应收款项的管理

应收款项是农村集体经济组织的债权，是流动资产的一部分。农村集体经济组织应加强对应收款项的管理，控制应收款项的数额及回收时间，并采取措施积极组织催收。

应收款项的形成：一类是农村集体经济组织与外单位和外部个人在经济业务往来中发生的各种应收款和暂付款项；另一类是内部欠款，主要是农村集体经济组织同本村所属单位和农户个人在经济往来和其他活动中发生的应收款和暂付款项。

对农村集体经济组织的财务管理人员来说，管理应收款项是一项经常性的工作，应主要做好以下工作。

一、做好应收款项的日常记录和核算工作

村财务人员平时要做好日常的应收款项的基础记录和核算工作，以掌握欠款人完整的信息。同时，村财务会计还应该设置应收款项总账和明细分类账，汇总记录与所有顾客的往来账款数额及其增减情况；分门别类地详细记录销货顾客的往来款项的增减变动情况，以便及时了解掌握情况，采取收款措施。

二、坚持定期的财务对账制度

对外部单位的欠款，要制定一套规范的定期对账制度，每隔一段时间就必须同欠款方核对 1 次账目，以避免日后由于人员变动造成双方财务记载出现差错，进而出现呆坏账现象。同时，对账不仅是核对欠款数目，借此也一并提醒对方积极还款。为了准确起见，对账时要形成具有法律效应的文书或其他纸质及电子文档记录，以避免以后出现异议。

三、严格按程序处理坏账

因债务单位撤销，确实无法追还的款项；或债务人死亡，既无遗产可以清偿，又无义务承担人，确实无法收回的款项，应取得有关方面的证据，按规定程序核销。因有关责任人造成的损失，应酌情由其赔偿。任何人不得擅自决定应收款项的核销。

四、加强应收款项的催收

农村集体经济组织欠款的原因可能比较多，但根据欠款情节，可以分为两类：无力偿付和故意或恶意拖欠。对一般欠款，要积极催收，对村民确实无力偿还的欠款，需要减免的，要进行公示，征得大家的同意；对恶意欠款，在积极催收的同时，要借助行政、司法等手段清收。

第三节　存货的管理

一、存货的内容

存货是指农村集体经济组织持有的各种材料和物资，主要包括种子、化肥、农药、工具用具、原材料、机械零部件、在产品（包括农业和工业的在产品）、工业产成品（有加工工业的农村）和农产品等。

存货是农村集体经济组织拥有的一项重要资产，属于村流动资产中的重要组成部分，也是村生产经营活动和社会管理活动不可缺少的物资保障。这部分物资品种多，流动性较强，如种子、农药和农产品等。同时，有些存货容易过期、毁损、变质和丢失，所以，农村集体经济组织应该加强对存货物资的管理，保证其安全完整，并有效利用存货资产。

二、存货的日常管理

存货的日常管理主要是对库存物资的验收入库、保管、出库的管理和监督。农村集体经济组织要按照规范化的要求做好物资管理的各项基础性工作，应该建立物资管理采购计划、审批、出入库、保管等制度，明确责任，使物资管理有章可循。

1. 存货入库的管理

在存货取得和验收环节，主要是控制取得存货的数量、质量和成本，保证物资数量准确、质量合格，并努力降低存货的取得成本。

(1) 检查验收。取得存货后，验收人员应立即根据凭证所列的品种、规格、数量、质量等项目，严格进行检查和验收，并填写验收单。

(2) 入库。仓库管理人员在核对无误的基础上，填写入库单，一联留存仓库，一联随同存货的其他凭证送交财会部门报账。

(3) 存货的计价。购入的物资按照买价加运输费、装卸费等费用、运输途中的合理损耗以及相关税费等计价。生产入库的农产品和工业产成品，按生产过程中发生的实际支出计价。

2. 存货库存的管理

在仓储环节，主要是保证存货的安全完整，防止霉变和丢失。产品物资入库后，要根据其性质、体积和贮藏要求，实行分类保管，集中存放。

建立材料定量存储、包干使用、定额领用等责任制，防止不合理储备和积压。

要建立存货物资定期盘点制度和定期对账制度。这是保证物资安全完整的有效办法。通过盘点和对账，可以发现实物同账簿记载的信息是否相符，及时发现物资管理上存在的问题。一般情况下，对价值较大的物资，则要按月清点，并随时掌握物资的动态。年度终了前，农村集体经济组织必须对存货进行一次全面的盘点清查。对于盘盈、盘亏、毁损以及报废的存货，应当及时查明原因，分情况进行不同的处理。盘盈的存货，按同类或类似存货的市场价格冲减管理费用；盘亏、毁损和报废的存货，按规定程序批准后，按实际成本扣除应由责任人或者保险公司赔偿的金额和残料价值后的余额，计入管理费用。

3. 存货出库的管理

在存货出库环节主要是严格领用审批程序，保证存货的合理使用。

领用存货，必须填写领料单，并经有关负责人审批，然后出库，会计人员根据领料单记账核算。

出售存货，先要经有关负责人审批，然后由会计人员开具凭证（发票），经保管人员签字后出库。

借用存货，必须经主管领导审批，并办理借用手续，方可出库，会计人员根据借用手续记账。

领用或出售的出库存货的核算，财务人员可在“先进先出法”“加权平均法”“个别计价法”等方法中任选一种，但是，一经选定，不得随意变动。

第五章　资金筹集管理

第一节　资金筹集管理概述

筹资是农村集体经济组织根据生产经营、对外投资和调整资本结构等活动对资金的需要，通过一定的渠道，采取适当的方式，获取所需资金的一种行为。资金筹集的管理是农村财务管理的一项重要内容，筹资是企业理财的起点，资金运用的前提，筹资的数量与结构直接影响企业效益的好坏。因此，农村集体经济组织经营管理者必须把握好何时需要资金，需要多少资金，以何种合理的方式取得资金。

随着社会主义新农村建设的开展，农村集体经济组织的自有资金已经不能满足经济社会发展的需要，需要从不同渠道寻找资金来源，改善农村的落后面貌。农村集体经济组织资金筹集渠道除财政部门的补助收入、上级政府及社会团体的专项补助资金外，还有短期筹资、长期筹资、一事一议筹资、吸收外来投资等方面。此外，党中央提出要建立现代农村金融制度，放宽农村金融准入政策，加快建立农村金融体系。在这个政策的指引下，今后会有更多的信贷资金和社会资金投向农村，农村集体经济组织的资金来源渠道和筹资机会将越来越多。

第二节　资金筹集方式

一、筹资渠道

筹资渠道是指筹措资金的来源方向与通道，体现着资金的源泉和流量。农村集体经济组织目前筹资渠道主要包括以下部分。

1. 国家财政资金

国家财政资金是指有权代表国家投资的政府部门或者机构以国有资产投入农村集体经济组织形成的资本，即国家资本。

2. 银行信贷资金

银行的各种贷款，是我国目前农村集体经济组织重要的资金来源。我国银行分为商业性银行和政策性银行两种。商业银行是以盈利为目的、从事信贷资金投放的金融机构，它主要为农村集体经济组织提供各种商业贷款。政策性银行是为特定单位提供政策性贷款。贷款方式多样可以适应于农村集体经济组织多种资金需要。

3. 非银行金融机构的资金

非银行金融机构主要是指信托投资公司、保险公司、租赁公司、证券公司、企业集团所属的财务公司等，它们所提供的各种金融服务，既包括信贷资金投放，也包括承销证券等金融服务，可以为一些农村集体经济组织直接提供部分资金和为农村集体经济组织筹集资金提供服务。

4. 其他企业、单位的资金

企业在生产经营过程中，往往形成部分暂时闲置的资金，并为一定的目的而进行相互的投资活动。另外，企业间的购销业务可以通过商业信用方式来完成，从而形成企业间的债权债务关系，企业间的相互投资和商业信用的存在，使其他企业资金也成

为农村集体经济组织资金的重要来源。

5. 民间闲置资金

村民和社会公众的结余货币，为了获利作为游离于银行和非银行金融机构之外的个人资金，可用于对农村集体经济组织的投资，形成民间资金的来源渠道，从而为农村集体经济组织所利用。

6. 农村集体经济组织自留资金

农村集体经济组织自留资金是指集体经济组织内部形成的资金，也称为内部资金，主要包括计提的折旧费用、提取的公积金、公益金和未分配利润等而形成的资金。这些资金的重要特征之一，是它们无须农村集体经济组织通过一定的方式去筹集，而直接由农村集体经济组织内部自动生成或转移，是一种“自动化”的筹资渠道。

农村集体经济组织除了通过以上方式进行筹资，还可以从我国境外进行筹资，例如，吸引外国投资者的投资，从境外的信贷机构取得贷款等。

二、筹资方式

筹资方式是指农村集体经济组织在筹措资金时所采用的具体形式。目前农村集体经济组织的筹资方式可以采用以下几种：吸收直接投资、利用留存收益、向银行借款、利用商业信用等。

1. 吸收直接投资

农村集体经济组织根据国家有关法律、法规的规定，可以采取多种形式吸收直接投资。按照投资主体的不同，直接投资有国家直接投资、企业事业等法人单位的直接投资、城乡居民和农村集体经济组织内部村民的直接投资和外商投资者的直接投资。直接投资有现金投资和非现金投资。吸收直接投资能提高农村集体经济组织的资信和借款能力，能尽快形成生产经营能力，直接投资对于农村集体经济组织而言是没有财务风险的，可以被农村集体经济组织长期使用，不存在到期还本付息的义务。

吸收直接投资的程序如下。

(1) 确定吸收直接投资所需的资金数量。农村集体经济组织新建或扩大经营规模而采取吸收直接投资方式时，必须明确资金的用途，进而合理确定直接投资的需要量及理想的资本结构。

(2) 选择投资单位，商定投资数额和出资方式。农村集体经济组织应根据其生产经营等活动的需要以及协议等规定，选择资金的来源，决定是向国家、其他法人单位、个人还是外商吸收直接投资。筹资者既要广泛了解有关投资者的财力和意向，又要主动介绍自身的经营状况和盈利能力。投资单位确定后，双方可进行具体的协商，确定投资数额和出资方式。筹资者应尽可能鼓励投资者以现金投资，如果投资方确有先进而又适合筹资者需要的固定资产和无形资产，也可采取非现金投资方式。

(3) 签署投资协议、合同等文件。农村集体经济组织吸收直接投资时，投资双方经过协商，在出资方式和收益分配等多方面达成一致时，应当由有关方面签署投资合同或出资协议等文件。以明确双方的权利和责任。

(4) 执行投资协议，取得资产。按照签署的决定、合同或协议，适时适量取得资金。对以实物资产和无形资产形式进行的投资，应进行合理估价，然后办理产权的转移手续，取得资产。

2. 利用留存利润筹资

留存利润筹资也称为内部积累，是指农村集体经济组织在利润分配过程中通过提取公积金、公益金和暂留未分配利润方式将利润留给农村集体经济组织的筹资方式。

留存利润筹资方式不必办理各种手续，简便易行，而且无须支付筹资、用资费用，有益于降低筹资成本，也可使投资者受益；留用利润在性质上属于自有资金，不用还本和支付利息，所

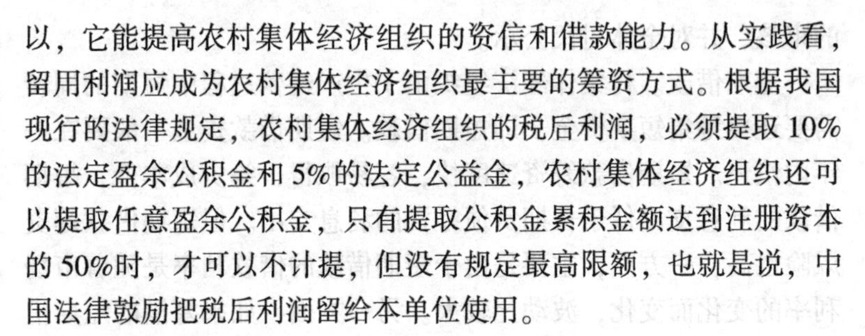

以，它能提高农村集体经济组织的资信和借款能力。从实践看，留用利润应成为农村集体经济组织最主要的筹资方式。根据我国现行的法律规定，农村集体经济组织的税后利润，必须提取10%的法定盈余公积金和5%的法定公益金，农村集体经济组织还可以提取任意盈余公积金，只有提取公积金累积金额达到注册资本的50%时，才可以不计提，但没有规定最高限额，也就是说，中国法律鼓励把税后利润留给本单位使用。

3. 向银行及非银行金融机构借款

村集体经济组织在生产经营过程中会不断地产生对资金的需要，除了可以筹措权益资金以外，还可以通过向银行及非银行金融机构借款以解决资金的不足。

（1）借款的种类。向银行及非银行金融机构借款按期限长短可以分为长期借款和短期借款。

长期借款。长期借款是指村集体经济组织向银行或其他非银行金融机构借人的使用期超过一年的款项。主要用于购建固定资产和满足长期流动资金占用的需要。

目前，固定资产借款按生产建设项目性质分类，可分为技术改造贷款和基本建设贷款。

技术改造贷款是指银行对借款人用于为开发农业新产品、推广应用科技成果、提高农产品质量、降低消耗而购置技术改造项目的生产设备和必要的配套土建工程而发放的贷款。技术改造贷款期限一般不超过3年，最长不超过5年。基本建设贷款是指银行对借款人新建、改扩建生产建设项目，购置设备等发放的贷款。基本建设贷款期限一般不超过5年，最长不超过10年。

长期借款的特点是时间长，并且会在较长的时间内对村集体经济产生影响。长期借款需要的贷款金额较大，将来的还款压力也大，因此，需要村集体经济组织事前做好借款的可行性研究，特别是经济效益的测算，并要经过领导集体决策和民主理财小组的审核，并对全体村民公示。

短期借款。村集体经济组织由于生产经营过程中短期的周转需要还要筹集短期资金，即短期借款。短期借款资金一般要在一年内偿还。短期借款筹资速度快，容易取得，筹资成本低，短期借款的利息支出低于长期负债筹资的利息支出。但短期借款筹资风险也高，一方面，主要是由于短期借款的借款利率是随着市场利率的变化而变化，波动比较大。另一方面，如果筹措的短期借款资金较多，当债务到期时，村集体经济组织必须在短期内筹集大量的短期资金用以还债，这样非常容易使其陷入财务困难。

（2）借款的程序。短期借款和长期借款取得的程序基本相同。借款的程序是指借款过程中需要做的工作。要取得借款，村集体经济组织应该做以下几个方面的工作。

①拟定借款申请：村集体经济组织要向银行借入款项时，首先要按照银行的借款要求，向银行提出申请，填写“借款申请书”，并提供相关的资料。

②银行审查：银行接到借款申请后，要对借款人的资信情况和申请书进行审查和了解，主要对借款人的信用等级、财务状况、偿债能力、投资项目的经济效益等多方面进行必要审查，以决定是否对借款单位提供贷款。

③签订借款合同：为维护借贷双方的合法权益，保证资金合理使用，借款单位向银行借入资金时，双方必须签订借款合同，以明确借贷双方的权利、义务和经济责任。借款合同主要包括基本条款、保证条款、违约条款及其他附属条款等内容。

④借款人取得贷款：借款合同签订后，银行应该按照合同规定向借款人划拨借款，村集体经济组织取得贷款后，要按照合同的规定使用贷款。

⑤归还贷款：在借款到期前，借款人应该积极做好还款准备，并按期及时归还。

至此，整个借款的程序才算圆满结束。如果遇到特殊情况不能按期归还借款，借款人还应提前到银行办理展期还款手续，否则，就视同为强行展期。如果不提前到银行办理借款展期，往往会影响借款人的银行信用，特别是强行展期被视为违约，将记入银行不良记录中，会严重影响村集体经济组织的信誉，以至于影响以后借款。

4. “一事一议”资金的筹集

“一事一议”资金是指村集体经济组织为兴办村民受益的生产、公益事业时，按照政策规定，经有关部门批准，向村民筹集的专项资金，是现时村集体经济组织举办公益事业的主要资金来源渠道。实行“一事一议”，由村民大会或村民代表大会讨论决定。所筹资金和劳务，只能用于本村范围内的农田水利基本建设、植树造林、修建和维护村级道路、农村改水、农业综合开发等集体生产和公益事业，并符合村民会议或村民代表会议决定的使用事项。除此之外，任何单位和个人都不能以“一事一议”的名义向农民集资、收费、无偿让农民提供劳务。“一事一议”资金筹措的形式有筹资和筹劳 2 种。

（1）“一事一议”资金筹措的原则。

①民主决策、民主管理的原则：“一事一议”筹资筹劳要在充分考察论证的基础上，按照法定程序，由村民大会或村民代表大会讨论决定，尊重农民的民主权利。其资金的使用要公开合理，接受群众的监督。

②村民受益、量力而行的原则：在筹资筹劳时，要充分考虑到农民的承受能力，特别是在当前农民增收困难的情况下，不能急功近利，要确保通过筹资筹劳的项目使出资农民受益，绝不能搞形象工程。

③事前预算、上限控制的原则：对筹资筹劳的项目，要在充分论证的基础上，搞好过程预算，按需要筹资，一年内每人筹资

额不得超过上级规定的限额，筹劳也不能超过规定上限。对一年内不能完成的项目要有计划地分期进行。

④专户储存、专款专用的原则："一事一议"筹资筹劳所筹资金属村民集体所有，应纳入村级财务统一管理，实行村有乡管，由乡镇农村经营管理部门专户存储、单独核算、专款专用，实行基金式管理。资金支出需经村民主理财小组代表签字，报乡镇农村经营管理部门审核批准，不得跨村使用，不准用于发放村干部报酬、村级招待费或其他支出。

(2)"一事一议"资金的筹措程序。

①编制项目预算草案：村民委员会组织"一事一议"筹资筹劳，应在广泛听取村民意见的基础上，提出适合议事范围的筹资筹劳预案。预案主要内容应包括建设项目、建设方式、投资概算、筹资筹劳额度、分摊办法和减免措施等。

②表决通过：预案一般应于每年年初提交村民会议或村民代表会议讨论表决。村民会议应由本村 18 周岁以上村民过半数参加，所作决定应经到会人员过半数通过。村民代表会议应由 2/3 以上农户代表参加，所作决定应经到会人员 2/3 以上通过。

③报批备案：村内"一事一议"筹资筹劳决定形成后，村民委员会应按规定填写由省农民负担监督管理部门统一制定的农村集体生产、公益事业"一事一议"筹资筹劳申报表，并附农村集体生产、公益事业"一事一议"筹资筹劳村民（代表）会议决议等相关材料，报乡镇农村经营管理部门核实，然后由乡镇农村经营管理部门报乡镇人民政府审批，并报县级农民负担监督管理部门审核备案。

④张榜公布：乡镇经管部门监督村委会将批准的筹资筹劳项目、标准、数额填写到省农民负担监督管理部门统一监制的农民负担监督卡上，并按审核批准的办法分解到户，及时在村务公开栏公示。没有填入农民负担监督卡的，农民有权拒绝。

⑤筹资筹劳的收取：经批准的筹资筹劳项目资金，村委会要积极组织收取，安排农民出工，村民除按规定享受减负的外，都要及时交纳，按时出工。村委会要向出资、出劳的村民开具省农民负担管理部门统一监制的收款凭证和用工凭证。

⑥筹资筹劳的使用和完成：筹资筹劳的资金必须按规定项目专户储存，按预算规定使用。项目实施完成后，村民委员会应在规定的期限内办结项目决算，向村民主理财小组和乡镇经管部门提交决算报告，经村民主理财小组审查通过和乡镇农村经营管理部门审定后，在村务公开栏公示。对农民有异议的，村民委员会或村集体经济组织应负责解释。

(3)“一事一议”筹资筹劳的监督管理。村级“一事一议”筹资筹劳应由各级人民政府的农民负担监督管理部门负责审计监督和管理。具体内容包括根据有关法规政策制定村级“一事一议”筹资筹劳具体办法，建立健全有关的制度并监督实施；指导村委会搞好筹资筹劳项目的论证和预算编制，包括项目是否符合规定，预算是否超过筹资筹劳的上限控制范围等；监督村委会按民主程序讨论通过筹资筹劳决定，审核筹资筹劳方案的合理合法性，并通过农民负担监督卡、专用收据和用工凭证等行使监督权；对筹集资金和劳务的管理使用情况实施监督、审计，对暂时不用的资金实行“村有乡管”，所筹资金，各乡镇不得调用、统筹；查处“一事一议”筹资筹劳中的违规行为，对不顾农民承受能力，单纯追求政绩，借机加重农民负担的行为及“有事不议”、对确需要办的生产公益事业推诿不办的行为，都要依照有关法律制度严肃查处。

第三节　资金筹集的原则

一、合法性原则

农村集体经济组织必须遵守国家有关资金筹集的法规、制度，不准搞非法筹资，也不准搞摊派，加重农民负担。

二、及时性原则

企业财务人员应根据资金需求的具体情况，合理安排资金的筹集时间。因为资金是具有时间价值的，筹资过早，会造成资金闲置，增加资金成本；筹资滞后，就会错过资金投放的最佳时机。为了保证筹资及时，企业应制定并严格执行筹资计划，合理选择筹资渠道和筹资方式。

三、规模适当原则

农村集体经济组织不论通过什么渠道、采取什么方式筹集资金，都应根据经济发展的需要确定资金的合理需要量。筹资过多，会增加筹资费用，影响资金的利用效果；筹资过少，又会影响资金供应。因此，要求财务人员要充分考虑各方面因素的影响，科学预测资金的需要量，合理确定筹资规模，以便合理安排资金的投放和回收，加速资金周转。

四、优化资金结构原则

企业的自有资金和借入资金要有合适的比例，长期资金和短期资金也应比例适当。资金筹集应注意这两方面内容，使企业减少财务风险。优化资金结构。

第四节　资金需要量的预测

农村集体经济组织筹资的目的主要是为了满足生产经营活动的需要，而生产经营中究竟需要筹集多少资金，则应根据生产经营的规模和特点，考虑影响资金需要量的有关因素，采用科学的方法进行预测。资金需要量预测方法有定性预测法和定量预测法两大类。在实际工作中，以定性分析为基础，结合定量分析来预测企业的资金需要量。

一、定性预测法

定性预测法是根据过去有关的历史资料，充分分析企业未来经营影响资金需要量的有关因素，主要依靠预测人员的知识、经验和综合分析、判断、预见能力对企业未来的资金需要量进行预测的方法。这种方法适用于企业在缺乏完备、充分的历史资料的情况下进行资金需要量的预测。

二、定量预测法

农村集体经济组织资金需要量是筹集资金的数量依据，必须科学、合理地加以预测。定量预测是根据影响资金需要量的有关因素与资金需要量之间的数量关系，建立数学模型来对资金需要量进行预测的方法。定量预测法方法有很多，最常用的是销售百分比预测法和线性回归分析法。

资金需要量预测的步骤是：一是预测资金的需要总量；二是挖掘内部潜力，掌握内部可利用的资金数量；三是用资金的需要总量减去内部可利用的资金数量，确定从外部需要筹集的资金数量。

1. 销售百分比预测法

销售百分比预测法是根据销售与资产负债表和利润表有关项目之间的比例关系，预测各种短期资金需要量的一种方法。由此可见，在某项目占销售额的比率既定的条件下，便可预测在未来一定销售额下该项目的资金需要量。

销售百分比预测法的公式为：

资金需求量=资产的增加额-负债的增加额-留存收益的增加额

2. 线性回归分析法

线性回归分析法又称资金习性预测法，是假定资金需要量与经营业务量之间存在着线性关系，在建立数学模型后，根据有关农村财务管理历史资料，用回归直线方程确定参数来预测资金需要量的方法。

其预测模型为：$y=a+bx$

式中：y——资金需要量；

a——一定业务量范围内不变资金；

b——一定业务量范围内单位业务量所需要的变动资金；

x——业务量。

不变资金是指在一定的营业规模内，不随业务量增减变动的资金，主要包括为维持营业而需要的最低数额的现金、应收账款和存货以及固定资产占用的资金。变动资金是指随着业务量的变动而同幅度、同方向变动的资金，包括在最低储备以外的现金、存货、应收账款等所占用的资金。

利用历史资料通过该预测模型确定出 a、b 的数值以后，即可预测一定业务量 x 所需要的资金数量 y。

运用线性回归法应具备如下条件：一是资金需要量与业务量之间确实存在着线性关系；二是农村集体经济组织需要有连续几年的历史资料，一般要有 3 年以上的资料。

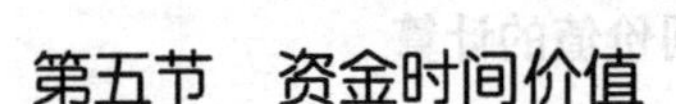

第五节　资金时间价值

一、资金时间价值的含义

资金的时间价值和投资的风险价值，是现代财务管理两个最基本的观念。企业的一切财务活动如筹资、投资等都是在特定的时间条件下进行的，离开了时间就无法正确地计算资金的流入和流出数量。所谓资金的时间价值，是指一定量的资金在生产流通过程中随着时间推移而产生的增值，即一定量的资金在不同时点上的价值量的差额。

一定量的货币资金在不同时点上具有不同的价值。也就是说今天收到一定金额的资金要比 1 年后收到同等金额的资金更有价值，因为今天早收到的资金可以投资获利。如某人现在将 10 000 元钱存入银行，如果银行存款利率为 3%，1 年后可得到 10 300 元。由此可见，这 10 000元经过 1 年时间的投资，增加了 300 元，这 300 元就是10 000元 1 年的时间价值。即现在的 10 000元钱和 1 年后的 10 300元等值。人们将资金在使用过程中随时间的推移而发生增值的现象，称为资金具有时间价值的属性。这300 元的增值，就是资金的时间价值。

综上所述，资金之所以在一定时期内发生了增值，是因为将其进行了投资。如果没有投资，资金永远也不会产生增值。资金使用者把资金投入生产经管以后，劳动者借以生产新的产品，创造新价值，带来利润，实现增值。资金周转使用的时间越长所获得的利润越多，实现的增值额越大。从本质上说，资金时间价值不是由时间创造的，是资金在周转使用过程中产生的，是资金所有者让渡资金使用权而参与社会财富分配的一种形式。

二、资金时间价值的计算

资金时间价值可以用绝对数（利息）和相对数（利息率）2种形式表示。由于资金时间价值的存在，不同时点上的资金就不能直接比较，必须换算到相同的时点上才能比较。资金的时间价值通常采取利息的形式，按计算利息的计算方式不同，利息的计算有单利和复利2种计息方法。

1. 单利的计算

所谓单利，是指只对本金计算利息，所生利息不再加入本金重复计算利息。即无论时间多长，只有本金生息，利息不再生息。

(1) 单利利息的计算。其计算公式为：

$$I=P\times i\times n$$

式中：I——利息；

P——现值；

i——利率；

n——计息期。

【例5-1】某人将10 000元存入银行，期限5年，假设存款利率6%，按单利计算，5年后可获得多少利息？

解：根据单利利息计算公式可得：

$$I=P\times i\times n=10\ 000\times 6\%\times 5=3\ 000\text{元}$$

在计算利息时，除非特别指明，给出的利率一般是年利率。对于不足1年的利息，以1年等于360天来折算。

(2) 单利终值的计算。单利终值是指现在一定量的资金按单利计算的未来价值。其计算公式为：

$$F=P\ (1+i\times n)$$

式中：F——终值。

【例5-2】例5-1中，5年后此人获得的终值为多少？

解：5 年后所获的终值为：$F = P\ (1+i\times n)$

$$= 10\,000\times(1+6\%\times5)$$

$$= 13\,000 \text{ 元}$$

（3）单利现值的计算。单利现值是指若干期后一定量的资金按单利计算的现在价值。单利现值可以利用终值求出。单利现值的计算公式为：

$$P = F/(1+i\times n)$$

【例 5-3】某人打算在 5 年后用 300 000 元购置一套商品房，假设银行年利率为 10%，则现在应存入银行多少钱？

解：据单利现值计算公式：

$$P = F/(1+i\times n)$$

$$= 300\,000/(1+10\%\times5)$$

$$= 200\,000 \text{ 元}$$

2. 复利的计算

复利是指在计算利息时，每经过一个计息期，要将所生利息加入本金再计利息，逐期滚算，俗称“利滚利”。这里所说的计息期，是指相邻两次计息的时间间隔，如年、月、日等。同样在计算利息时，除非特别指明，给出的利率一般是年利率。对于不足 1 年的利息，以 1 年等于 360 天来折算。复利法是国际上目前普遍采用的利息计算方法。

（1）复利终值的计算。复利终值是指一定量的本金按复利计算若干期后的本利和。

复利终值的计算公式为：

$$F = P\ (1+i)^n$$

式中：F——复利终值；

P——本金或现值；

n——计息期；

$(1+i)^n$——复利终值系数，记作（F/P，i，n）。

（2）复利现值的计算。复利现值是指未来一定时期的收入或支出资金按复利计算现在的价值。

复利现值计算，是指根据已知的 F、i、n 求 P。

由复利终值计算公式 $F=P(1+i)^n$

得出：

$$P=\frac{F}{(1+i)^n}=F(1+i)^{-n}$$

式中：$(1+i)^{-n}$ ——复利现值系数。

记作（P/F，i，n），可直接通过“复利现值系数表”查出，是复利终值系数的倒数，该表的使用方法与“复利终值系数表”相同。

【例 5-4】某公司现有一投资项目，预计 5 年后可获得 800 000元，若投资报酬率为 10%，试问该公司现在应投资多少钱？

解：根据公式 $P=F(1+i)^{-n}$

$=800\ 000\times(P/F, 10\%, 5)$

$=800\ 000\times0.6209$

$=496\ 720$ 元

3. 年金的计算

年金是指在相等间隔期内收到或付出的等额系列款项。如折旧、利息、租金、养老金、保险费等通常表现为年金形式。按照收付的次数和支付的时间划分，年金可分为普通年金、预付年金、递延年金和永续年金 4 类。每期期末等额收付款项的年金，称为后付年金，即普通年金；每期期初等额收付款项的年金，称为先付年金，或称为预付年金；距期初若干期以后发生的每期期末等额收付款项的年金，称为递延年金；无期限连续等额收付款项的年金，称为永续年金。但不论是哪种年金，都采用复利计息方式。在财务管理中讲到的年金，一般是指普通年金。

（1）普通年金终值的计算。普通年金又称后付年金，是指各

期期末收付的年金。

普通年金终值是指一定时期内每期期末等额收付款项的复利终值之和。计算公式如下。

$$F_A = A \times \frac{(1+i)^n - 1}{i}$$

式中：F_A——年金终值；

年金终值系数 $\frac{(1+i)^n - 1}{i}$，用符号（F/A，i，n）表示。

年金终值系数可以通过查“年金终值系数表”获得。该表的第一行是利率 i，第一列是计息期数 n。相应的年金系数在其纵横交叉之处。

【例 5-5】某人为供孩子上大学，定期在每年末存入银行 5 000元，若年利率为 5%，则 10 年后这笔钱是多少？

解：根据公式 $F_A = A$（F/A，i，n）

$= 5\ 000\times$（F/A，5%，10）

$= 5\ 000\times 12.578$

$= 62\ 890$ 元

（2）普通年金现值的计算。普通年金现值是指一定时期内每期期末等额收付款的复利现值之和，或者说为在一定时期内每期期末取得相等金额的款项，现在需要投入的金额。计算公式如下。

$$P_A = A \times \frac{1-(1+i)^{-n}}{i}$$

式中：$\frac{1-(1+i)^{-n}}{i}$ 通常称为“年金现值系数”，用符号（P/A，i，n）表示。

年金现值系数可以通过查“年金现值系数表”获得。

【例 5-6】某人在今后的 10 年内，每年末需要支付保险费

2 000元，假设银行年利率为5%，则现在此人应一次存入银行多少钱？

解：根据公式 $P_A = A\ (P/A,\ i,\ n)$

$$= 2\,000\times(P/A,\ 5\%,\ 10)$$
$$= 2\,000\times 12.578$$
$$= 25\,156\ 元$$

第六节　资金成本

一、资金成本的概念及构成

在市场经济条件下，单位不论通过何种筹资渠道，不论以什么方式取得资金，都是有偿的，需要承担一定的成本，付出一定的代价。资金成本就是企业取得资金而支付的各种费用。它包括资金筹资费用和资金占用费用两部分。

资金筹集费用是指企业在筹集资金过程中发生的各种费用，主要包括手续费、代理发行费、印刷费、律师费和广告费等。它的大小主要取决于企业筹资环境及财务关系的优劣。资金筹集费用一般是一次性发生的，所以，在计算资金成本时可以作为筹资金额的抵减项予以扣除。

资金占用费用是指资金使用者支付给所有者的使用报酬，如贷款利息等。资金占用费用一般与所筹资本数额的大小以及资本使用时间的长短有关，它是资金成本的主要内容。

在不同的条件下，企业以不同方式筹集的资金所付代价一般不会相等，所以，企业的总资金成本是各项个别资金成本的总和。

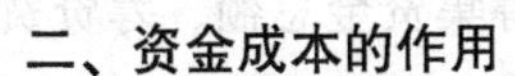

二、资金成本的作用

资金成本是企业筹资管理的一个重要概念，资金成本对于企业筹资管理、投资管理，乃至整个财务管理和经营管理都有重要的作用。

1. 资金成本是选择筹资方式、资本结构决策、确定追加筹资方案的依据

企业筹资可以通过股票、债券、贷款、留用利润等方式。不同的资金来源，其成本是不同的，各种不同来源资金的比例也影响企业综合资金成本率的大小。企业要以最少的资金耗费取得所需资金，就必须分析计算各种筹集资金的渠道和方式的成本，并进行合理配置，显然，资金成本的大小直接关系到企业经济效益。

2. 资金成本是评价投资项目可行性的主要经济指标

资金成本是企业计划投资时预期可接受的最低报酬率。任何投资项目，如果其预期投资报酬率超过资金成本，则该项目在经济上可行；反之，企业盈利用来支付资金成本后将发生亏损，则该项目在经济上不可行。

3. 资金成本是评价企业经营成果的依据

资金成本是企业投资收益的最低极限，企业任何一项投资的收益率都必须大于其资金成本，才能补偿企业使用资金支付的成本。因此，资金成本就成为衡量企业经营成果的最低标准。

三、资金成本的计算

1. 个别资金成本的计算

个别资金成本是指各种筹资方式所筹资金的成本。主要包括借款成本、长期债券成本、优先股成本、普通股成本、留存盈利成本等。为了便于不同筹资方式的比较，资金成本通常以相对数

即资金成本率来表示。资金成本率和筹集资金总额、筹资费用、占用费用的关系可用下式表示。

$$资金成本率=\frac{每年的资金占用费}{筹资总额-筹资费用}$$

$$或资金成本率=\frac{资金占用费}{筹资总额\times（1-筹资费用率）}$$

银行借款的资金成本计算：

长期借款的资金成本是由借款利息和筹资费用构成的，由于长期借款的利息允许从税前利润中扣除，从而具有抵减企业所得税的作用，因此，一次还本，分期付息长期借款的资金成本为：

$$银行借款成本（\%）=\frac{年利息\times（1-所得税税率）}{银行借款筹资总额\times（1-银行借款筹资费用率）}\times 100$$

由于银行借款的手续费很低，公式中的筹资费率可以忽略不计，则银行借款成本的计算可以用以下的简化公式：

$$银行借款成本=借款利率\times（1-所得税率）$$

2. 综合资金成本的计算

由于筹资的渠道有多种，不同筹资方式下，其资金成本也不同。在实际工作中，筹措资金往往采用多种方式筹资，因此，需要计算综合资金成本以供决策时参考。综合资金成本是指一个企业各种不同筹资方式总的平均资金成本。它是以各种资金所占的比重为权数，对各种资金成本进行加权平均计算出来的，因此，又称为加权平均资金成本。其计算公式为：

$$综合资金成本=\sum（某种资金的成本\times 该种资金占总资金的比重）$$

第六章　投资管理

第一节　项目投资管理概述

一、项目投资概述

投资是指消耗一定的资源，期望得到未来收益的行为。项目投资是对企业内部生产经营所需要的各种资产的投资，是指一种以特定项目为对象，直接与新建项目或更新改造项目有关的长期投资行为，其目的是为保证企业生产经营过程的连续和生产经营规模的扩大。在企业的整个投资中，项目投资具有十分重要的地位。它不仅数额大，投资面广，而且对企业的稳定与发展、未来盈利能力、长期偿债能力都有重大影响。

（一）项目投资的特点

项目投资是对企业内部生产经营所需要的各种资产的投资。与短期投资和对企业外部长期投资相比较，项目投资具有以下几个特点。

1. 投资金额大

项目投资，特别是战略性的扩大生产能力投资，一般都需要较多的资金，其投资数额往往是企业或其投资者多年的资金积累，在企业总投资中占有相当大的比重。因此，项目投资对企业未来的现金流量和财务状况，都将产生深远的影响。

2. 影响时间长

作为长期投资的项目投资发挥作用的时间较长，几年、十几年甚至几十年才能收回投资。因此，项目投资对企业未来的生产经营活动和长期经济效益将产生重大影响，其投资决策的成败对企业未来的命运将产生决定性作用。

3. 不经常发生

与企业的短期投资和长期性金融投资相比，企业内部项目投资的发生次数不太频繁，特别是大规模的具有战略投资意义的扩大生产能力投资，一般要几年甚至十几年才发生 1 次，这就要求企业财务管理人员对此进行慎之又慎的可行性研究。

4. 变现能力差

作为长期性的项目投资，不仅不准备在一年或超过一年的一个营业周期内变现，而且在一年或超过一年的一个营业周期内变现的能力也很差。因为，项目投资一旦完成，要想改变是相当困难的，不是无法实现，就是代价太大。

(二) 项目投资的程序

项目投资的特点决定了项目投资的风险大、周期长、环节多、考虑因素复杂。因此，项目投资是一项复杂的系统工程。根据项目周期，项目投资的程序主要包括以下环节：投资项目的提出；投资项目的评价；投资项目的决策；投资项目的执行；投资项目的再评价。

二、项目投资计算期的构成

项目投资计算期是指投资项目从投资建设开始到最终清理结束整个过程所需要的时间，即该项目的有效持续期，一般以年为计量单位。常常将投资项目的整个时间分为建设期和生产经营期。其中，建设期的第一年年初称为建设起点，建设期的最后一年年末称为投产日；生产经营期是指从投产日到清理结束日之间的时间间隔。则公式如下。

项目投资计算期=建设期+生产经营期

第二节 现金流量的内容及估算

一、现金流量的概念

投资项目的现金流量，是指投资项目从筹建、设计、施工、正式投产使用至报废为止的整个期间内引起的现金流入和现金流出的数量，是项目投资决策评价项目经济效益的基础。项目周期内现金流入量和现金流出量的差额，称为项目投资的净现金流量。

这里的“现金”是广义的现金，它不仅包括各种货币资金，还包括项目需要投入企业所拥有的非货币资源的变现价值。例如，一个投资项目需要使用原有的厂房、设备、材料等，则相关的现金流量是指它们的变现价值，而不是其账面价值。

二、确定现金流量的假设

为便于确定现金流量的具体内容，简化现金流量的计算过程，假设如下。

1. 投资项目的类型假设

假设投资项目只包括单纯固定资产项目、完整工业投资项目和更新改造投资项目 3 种类型。

2. 财务可行性分析假设

假设投资决策是从企业投资者的立场出发，投资决策者确定现金流量就是为了进行项目财务可行性研究，该项目已经具备国民经济可行性和技术可行性。

3. 建设期投入全部资金假设

不论项目的原始投资是1次投入还是分次投入，除个别情况外，假设它们都是在建设期内投入的。

4. 经营期与折旧年限一致假设

假设项目主要固定资产的折旧年限或使用年限与经营期相同。

5. 时点指标假设

为便于利用资金时间价值的形式，不论现金流量具体内容所涉及的价值指标实际上是时点指标还是时期指标，均假设按照年初或年末的时点指标进行处理，流动资金投资则在建设期末发生；经营期内各年的收入、成本、折旧、摊销、利润、税金等项目的确认均在年末发生；项目最终报废或清理均发生在终结点(但更新改造项目除外)。

6. 确定性假设

假设与项目现金流量有关的价格、产销量、成本水平、所得税率等因素均为已知常数。

7. 全投资假设

假设在确定项目的现金流量时，只考虑全部投资的运动情况，而不区分自有资金和借入资金等具体形式的现金流量。即使实际存在借入资金，也将其作为自有资金对待。

三、现金流量的内容

(一) 现金流出量

一个项目投资的现金流出量，是指能够使该项目投资引起的企业现金支出的增加量。一个项目投资的现金流出量主要包括以下4个部分。

1. 建设投资

建设投资指在项目建设期内所发生的固定资产、无形资产和

开办费等各项投资的总称，是建设期发生的主要现金流出量。其中，固定资产投资是各类型投资项目一定要发生的。

建设投资=固定资产投资+无形资产投资+其他投资

2. 流动资金

流动资金指项目投产后，为保证其生产经营活动得以正常进行所必须的周转资金。在完整工业投资项目中发生的、用于生产经营期周转使用的营运资金投资，又称为垫支流动资金，可能发生在建设期内，也可能发生在生产经营期内，为简化计算，一般假定发生在建设期的期末（或发生在经营期的初期）。

流动资金=流动资产−流动负债

建设投资+流动资金=项目原始总投资

3. 付现成本

付现成本是指生产经营期内为满足正常生产经营而动用现实货币支付的成本费用，是每年发生的用现金支付的成本，它是生产经营阶段上最主要的现金流出量项目。

付现经营成本=当年的总成本−该年折旧额−
该年无形资产摊销额−开办费摊销额

4. 各项税款

各项税款是指生产经营期内企业实际支付的税款。

(二) 现金流入量

一个项目投资的现金流入量，是指能够使该项目投资引起的企业现金收入的增加额。一个项目投资的现金流入量主要包括以下 3 个部分。

1. 营业收入

营业收入指项目投产后每年所取得的营业收入与付现成本的差额，是经营期主要的现金流入量项目。

2. 回收固定资产残值

回收固定资产残值指投资项目的固定资产出售或报废时所回

收的价值。

3. 回收流动资金

回收流动资金指生产经营期完全终止时回收原垫付的全部流动资金，现金流入只发生在项目计算期的终结点，回收的流动资金也属于项目投资资金流入量的构成内容。

四、现金流量的估算

由于项目投资的投入、回收及收益的形成均以现金流量的形式表现，因此，在整个项目计算期的各个阶段上，都有可能发生现金流量，必须逐年估算每一时点上的现金流入量和现金流出量。下面介绍现金流量每一构成内容的通常估算方法。

（一）现金流出量的估算

1. 建设投资的估算

建设投资的估算，其中，固定资产投资又称固定资产原始投资，主要应当根据项目规模和投资计划所确定的各项建筑工程费用、设备购置成本、安装工程费用和其他费用来估算。对于无形资产投资和开办费投资，应根据需要和可能，逐项按有关的资产评估方法和计价标准进行估算。

2. 流动资金投资的估算

应先根据与项目有关的经营期每年流动资产需用额和该年流动负债需要额的差来确定本年流动资金需用额，然后用本年流动资金需用额减去截止上年末的流动资金占用额（即以前年度已经投入的流动资金累计数）确定本年的流动资金增加额。

3. 付现成本的估算

与项目相关的某年付现成本等于当年的总成本费用（含期间费用）扣除该年折旧额、无形资产和开办费的摊销额等非付现成本项目后的差额。

4. 各项税款的估算

进行新建项目投资决策时，通常只估算所得税；更新改造项目还需要估算因变卖固定资产发生的营业税。也有人主张将所得税与营业税等流转税分开单独列示。如果在确定现金流入量时，已将增值税销项税额与进项税额之差列入“其他现金流出量”项目，则本项内容中就应当包括应交增值税；否则，就不应包括这一项。

(二) 现金流入量的估算

1. 营业收入

应按照项目在经营期内有关产品（产出物）的各年预计单价（不含增值税）和预测销售量进行估算。

2. 回收固定资产残值

预计固定资产报废的时候，销售废品可能带来的收入。

3. 回收垫支流动资金

假定在经营期不发生提前回收流动资金，则在终结点 1 次回收的流动资金应等于各年垫支的流动资金投资额的合计数。

五、净现金流量的计算

(一) 净现金流量的概念

项目投资的现金净流量，是指项目周期内现金流入量和现金流出量的差额，是项目投资决策评价指标的重要依据。当现金流入量大于现金流出量时，现金净流量为正值；反之，现金净流量为负值。

$$NCF_t = CI_t - CO_t \quad t=0, 1, 2 \cdots\cdots n$$

其中，NCF_t是第 t 年净现金流量，CI_t是第 t 年现金流入量，CO_t是第 t 年现金流出量。

（二）净现金流量的估算

1. 建设期的净现金流量估算

建设期某年的净现金流量=营业收入-该年发生的原始（或固定资产）投资额

2. 经营期的净现金流量估算

由于投资项目计算期不同阶段的现金流入和现金流出发生的可能性不同，使净现金流量在各阶段上的数值表现出不同的特点，即建设期内的净现金流量一般小于或等于零，在经营期内的净现金流量则多为正值。

经营期某年的净现金流量=营业收入-付现成本-所得税
=营业收入-（销货成本-折旧额）-所得税
=净利润+折旧额

3. 终结点净现金流量的计算

终结点净现金流量=经营期净现金流量+残值+收回的流动资金

［例 6-1］某乡镇企业计划投资一个农产品加工新项目，有关资料如下。

①该项目需固定资产投资 1 000 000元，第一年初和第二年初各投资 500 000元。2 年建成投产，投产后一年达到正常生产能力。

②投产前需垫支流动资金 200 000元。

③固定资产可使用 5 年，期末残值为 100 000元。

④该项目投产后第一年的销售收入为 300 000元，以后 4 年每年均为 1 000 000元（均于当年收到现金）。第一年的付现成本为 200 000元，以后各年为 650 000元。

⑤垫支的流动资金于终结点 1 次回收。

要求：计算该项目的计算期、净现金流量。

项目计算期=项目建设期+项目经营期=2+5=7 年

净现金流量的计算，见表 6-1。

表 6-1　净现金流量计算　（单位：万元）

年份	0	1	2	3	4	5	6	7
一、现金流入量								
1. 营业收入	0	0	0	30	100	100	100	100
2. 回收固定资产残值	0	0	0	0	0	0	0	10
3. 收回垫支流动资金	0	0	0	0	0	0	0	20
现金流入量合计	0	0	0	30	100	100	100	130
二、现金流出量								
1. 固定资产投资	50	50	0	0	0	0	0	0
2. 流动资金垫支	0	0	20	0	0	0	0	0
3. 经营成本	0	0	0	20	65	65	65	65
现金流出量合计	50	50	20	20	65	65	65	65
三、净现金流量	-50	-50	-20	10	35	35	35	65

第三节　项目投资决策的评价方法及应用

投资决策就是评价投资方案是否可行，并从诸多可行的投资方案中选择要执行的投资方案的过程。而判断某个决策方案是否可行的标准，是该方案所带来的收益是否不低于投资者所要求的收益。项目投资评价指标是指用于衡量和比较投资项目可行性，以便据此进行投资方案决策的定量标准与尺度，是由一系列综合反映投资效益、投入产出关系的量化指标构成。项目投资决策评价指标比较多，主要是按是否考虑货币时间价值分为两类：一是贴现指标，即考虑时间价值因素；二是非贴现指标，即没有考虑时间价值因素。

一、非贴现法

（一）静态投资回收期法（P_t）

1. 含义

静态投资回收期又称全部投资回收期，就是从项目投建之日起，用项目各年的未折现现金流量将全部投资收回所需的期限。静态投资回收期一般从建设开始年算起，也可以从投产年算起，但应予以注明。静态投资回收期一般是越短越好。其表达式为：

$$\sum_{t=1}^{P_t}(CI-CO)_t=0$$

式中：CI——现金流入量；

CO——现金流出量；

$(CI-CO)_t$——第 t 年的净现金流量；

P_t——静态投资回收期。

静态投资回收期公式更为实用的表达式为：

$$P_t=T-1+\frac{\text{第}(T-1)\text{年的累积净现金流量的绝对值}}{\text{第}T\text{年的净现金流量}}$$

式中：T 为项目各年累积净现金流量首次为正值的年份。

2. 决策标准

运用静态投资回收期法进行互斥选择投资决策时，应优选投资回收期短的方案；若进行选择与否投资决策时，则必须设置基准投资回收期 T_c，当 $P_t \leq T_c$ 时，则项目可行；当 $P_t > T_c$ 时，则项目不可行。

3. 优缺点

优点是计算简便，易于理解；缺点是忽视了回收期以后的现金流量状况，可能导致决策者优先考虑急功近利的投资项目；没有考虑资金的时间价值。

【例 6-2】某乡镇企业有甲、乙 2 个农产品投资项目方案，有

关资料如表6-2、表6-3所示。

表6-2　甲方案有关资料　（单位：万元）

期间	年净利润	年折旧额	净现金流量	累计净现金流量
0	—	—	-10 000	-10 000
1	1 000	2 000	3 000	-7 000
2	1 500	2 000	3 500	-3 500
3	2 000	2 000	4 000	500
4	2 000	2 000	4 000	4 500
5	2 000	2 000	4 000	8 500

表6-3　乙方案有关资料　（单位：万元）

时间	年净利润	年折旧额	净现金流量	累计净现金流量
0	—	—	-10 000	-10 000
1	500	3 000	3 500	-6 500
2	1 500	3 000	4 500	-1 500
3	2 000	3 000	5 000	3 500
4	2 000	3 000	5 000	8 500
5	2 000	3 000	5 000	13 500

要求：计算甲、乙两方案的投资回收期，并对2个方案比较，选择最优方案。

解：甲方案静态投资回收期 =（3 - 1）+ 3 500/4 000 = 2.88年

乙方案静态投资回收期=（3-1）+1 500/5 000=2.3年

在投资额相同的情况下，应选择静态投资回收期短的乙方案，其较甲方案投资回收快。

（二）投资利润率

1. 含义

投资利润率又称投资报酬率，是指生产经营期正常生产年份的净收益（年度利润总额或年利税总额、年平均利润）占投资总额的百分比，是通过计算项目投产后正常生产年份的投资收益率来判断项目投资优劣的一种决策方法。其计算公式为：

$$投资报酬率 = \frac{正常年份的净收益}{投资总额} \times 100\%$$

2. 决策标准

进行选择与否投资决策方案时，应设基准投资报酬率 R_c，当 $R \geqslant R_c$，则该投资方案可行；当 $R < R_c$，方案不可行。在多个投资方案的互斥性决策中，方案的投资利润率越高，说明该投资方案的投资效果越好，应该选择投资报酬率高的方案。

3. 优缺点

优点是计算简单、易于理解，同时，又克服了投资回收期在投资期没有考虑全部现金净流量的缺点。缺点是没有考虑资金时间价值，也不能说明投资项目的可能风险。

二、动态评价方法

（一）净现值（*NPV*）

1. 含义

净现值是指在项目计算期内，按行业基准收益率或其他设定折现率，将投资项目各年净现金流量折算成现值后减去初始投资的余额。其表达式为：

$$NPV = \sum_{t=1}^{n} \frac{(CI - CO)_t}{(1 + i_c)^t}$$

式中：*NPV* 为净现值，i_c为基准折现率。

2. 决策标准

当 $NPV \geqslant 0$ 时，则项目可行；当 $NPV < 0$ 时，则项目不可行。进行多互斥选择投资决策方案时，净现值越大的方案相对越优。

3. 优缺点

优点是考虑了资金时间价值；完整考虑项目计算期内全部现金流量；考虑了投资风险，项目投资风险可以通过提高贴现率加以控制。其缺点是净现值是一个绝对数，不能从动态的角度直接反映投资项目的实际收益率，在进行互斥性投资决策时，若投资额不等，仅用净现值有时无法确定投资项目的优劣；计算比较复杂，且较难理解和掌握等。

(二) 内部收益率 (*IRR*)

1. 含义

投资项目在使用期内各期净现金流入量现值总和与投资额现值总和（或初始投资）相等时的贴现率，即通过计算使投资项目净现值为零的贴现率来评价投资项目的一种决策方法。其表达式为：

$$NPV(IRR)=\sum_{t=0}^{n}(CI-CO)_t(1+IRR)^{-t}=0$$

式中：*IRR* 为内部收益率。

因式中是一个一元高次方程，不宜直接求解，一般采用试差法进行计算。一般步骤如下。

第一步，通过试算选择较低的 i_1 和较高的 i_2 作为贴现率，使得 i_1 对应的 NPV_1 大于 0，使得 i_2 对应的 NPV_2 小于 0；

第二步，分别计算与 i_1，i_2（$i_1<i_2$）对应的净现值 NPV_1 和 NPV_2，$NPV_1>0$，$NPV_2<0$；

第三步，用插值法计算 *IRR* 的近似值，其公式为：

$$IRR=i_t+\frac{NPV_1}{NPV_1+|NPV_2|}(i_2-i_1)$$

上式中，为控制误差，i_2 与 i_1 之差一般不应超过 5%，最好不超过 2%。因此，可以在上述 1~3 步计算出来的 *IRR* 上下 2.5% 分别取 i_2 和 i_1，再用上述 1~3 步可以求得误差在合理范围内

的 IRR。

2. 决策标准

运用内部收益率法进行选择与否投资决策方案时，应设基准贴现率 i_c，当 $IRR \geqslant i_c$，则该投资方案可行；当 $IRR < i_c$，方案不可行。在多个投资方案的互斥性决策中，应选内部收益率高的方案。

3. 优缺点

优点是充分考虑了资金时间价值；易于理解，易接受。缺点是计算过程比较复杂，通常需要多次测算。

第七章　收益分配

第一节　收入的管理

一、收入分类

收入是指农村集体经济组织一定时期内在销售商品、提供劳务及让渡资产使用权等日常经营活动，及行政管理、服务职能所形成的经济利益的总流入。农村税费改革后，农村集体经济组织资金收入来源主要包括以下内容：经营收入、发包及上交收入、“一事一议”筹资收入、其他收入、补助收入及乡村公益事业资金收入等。其中，“一事一议”筹资收入、乡村公益事业资金收入不是可分配收入，不能参与净收益分配。除上述收入之外，农村集体经济组织对外投资获得的收入也是农村收益的组成部分。

二、收入管理的意义

收入管理是指对收入进行计划、组织、核实、监督等方面的工作。收入的实现，是农村集体经济收入实现和分配的前提和基础，也是农村集体经济活动的重要环节。

(1) 加强收入的管理，可以真实地反映村集体经济组织的经营成果，有利于促进各业生产经营的发展。农村各业收入水平的高低从一个侧面反映了农村经济发展的水平，也在一定程度上体现了农村集体经济组织获得的经济利益，只有加强收入管理，避免虚收、漏收、瞒收，才能客观真实地反映农村集体经济组织的经营成果。

（2）加强收入的管理，有利于统一服务和管理协调职能的发挥，有利于农村各项经济活动和管理活动的开展。收入不仅是农村的生产经营成果，也是开展经济活动和管理服务活动的物质基础。只有及时将实现的收入入账，才能及时地补偿生产经营、管理、服务活动中发生的各项耗费，及时协调各项管理与服务活动，保证经济活动的持续进行，并在此基础上扩大规模，促进农村集体经济的不断发展壮大。

（3）加强收入的管理，有利于促进集体经济的发展，更好地维护集体和农民群众的经济利益。收入的取得是进行收益分配的基础，通过收益分配形成的内部积累是农村集体经济组织扩大再生产和发展福利事业的资金来源。所以，只有加强收入的管理，保证按一定的比例在国家、集体和农户之间进行分配，才能更好地维护集体和农民群众的利益，为农村经济的稳定发展提供良好的环境。

三、收入管理的要求

收入管理的基本要求是制定合理的收入预算，合理安排各业生产经营，不断增加收入，及时确认、确保预算收入的实现。具体包括以下几个方面。

（一）做好收入管理的预算

为了保证收入目标的实现以及有计划地组织收入，保证农村生产经营和管理服务工作的顺利开展，农村集体经济组织应在年初编制各项收入预算。收入预算要根据农村生产经营和管理活动的实际，分项目编制。各业经营收入应按当年经营的具体项目分明细编制。对于发包及上交收入预算，应在确定好与农户和承包单位的承包、租赁关系，签订好承包合同和其他经济合同的基础

上，分项编制。对于投资收益，应在当年各项投资计划的基础上编制。各单位对收入预算的编制要积极，所编制的预算要科学合理、实事求是，不能太高也不能太低，要做到能够通过努力可以完成或超额完成。

（二）划清收入的性质与界限

为了保证收入来源的合理合法性，必须要划清各项收入的性质与界限。

1. 划清可分配收入与不可分配收入的界限

收入反映了农村集体经济组织从事各业经营和管理活动的经济总流入，包括可用于分配的收入和不可用于分配的收入。其中经营收入可以用来补偿当年费用支出，并可进行收益分配，而集体福利事业收入及由特殊渠道形成的公积金等，不能列为当年收入参加分配。所以，应在加强收入管理的同时，严格划清公共积累、资本与经营收入的界限，按照资本保全以及有利于内部发展的原则，实行管理。

2. 划清当年经营收入与总产值的界限

为保证年终分配能够如数兑现，列入当年分配的各项经营收入，应是当年实现的收入，可用于分配。对于商品性的工副业产品及主要农产品，要在销售后才能列作当年经营收入。农村集体经济组织在每年编制分配方案到分配兑现结束之前，如有能够实现的收入，也可以在分配方案编制前估价入账，作为当年经营收入。其估计收入与实际收入之间的差额，在翌年收入中调整。

3. 划清各项收入之间的界限

农村集体经济组织收入中的各项收入来源于不同的渠道，都有各自特定的内容，收入方式等也有很大的不同。所以，在管理中，也必须认真加以区分，划清各项收入之间的界限，分类管理，便于正确组织核算。

(三) 要正确计价和确认收入

正确计价和确认收入是搞好收入核算和管理的基础。因此，必须按财务制度的规定，正确组织收入的计算和核算工作。

1. 收入的计价

在计算经营收入时，应在核实收获产量的基础上，对各种产品正确计价。凡是对外销售的产品，按实际销售计算收入；对于劳务、运输、生产服务等，按实际结算价格计算收入。在计算其他收入时，对盘盈的固定资产按同类的或类似固定资产的市场价减去按该项资产的新旧程度估计的价值损耗后的余额计价，对盘盈的产品物资按同类产品物资的实际成本计价。

2. 收入的确认

农村集体经济组织收入的确认应采用权责发生制原则。对于经营收入，一般于产品物资已经发出、劳务已经提供，同时，收讫价款或取得收取价款的凭据时，确认经营收入的实现；对于发包及上交收入，应在已收讫农户、承包单位上交的承包金及村办企业上交的利润款或取得收取款项的凭据时，确认收入的实现。年终对应交未交款项，按权责发生制原则，确认应收未收部分款项的实现；补助款收入应在实际收到上级有关部门的补助款或取得有关款项的收款凭据时，确认补助收入的实现；其他收入，应于实际发生数或实际收讫款项时，确认收入的实现。征地补偿款等收入不能列入当年收入，预收的土地承包和租金，应逐年进行分摊，不得全部列入当年收入。

(四) 统一收入票据

收入票据是加强收入管理的基础环节，也是重要的原始凭证。农村集体经济组织应根据《中华人民共和国票据法》和当地集体资产管理办法等有关规定，统一收入票据，按规定领用、按要求开具，建立健全票据管理制度，配备必要的人员专管，切实加强管理。

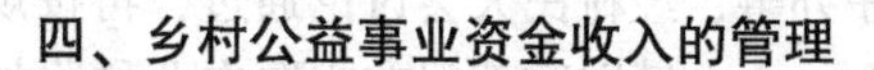

四、乡村公益事业资金收入的管理

(一) 乡村公益事业资金的性质

乡村公益事业资金是指按照“权利和义务对等”和“均衡减负”的原则，向不承包土地或承包土地明显少于当地平均水平，并从事工商业活动或养殖业的农村居民收取的用于乡村公益事业的资金。这部分资金根据其来源渠道和用途，属集体资金的性质。

(二) 乡村公益事业资金的收取对象和标准

1. 乡村公益事业资金的收取对象

乡村公益事业资金主要是向不承包土地的农村居民收取的。不承包土地的农村居民，具体分为 3 种情况：一是指户口在农村，并长期居住生活在农村，没有承包集体土地，也不直接从事农业生产的农村居民；二是只承包少量的粮田，同时，又从事工商业活动或养殖业的农村居民；三是人均土地明显少于当地人均水平的村庄，由于改革后乡村两级减收较多，可由所在乡镇人民政府提出，县级政府核定，报市级政府批准后，向这些村庄的农民收取乡村公益事业资金。

2. 乡村公益事业资金的收取标准

对上述第一种、第二种情况的农民收取乡村公益事业资金的标准，按不高于改革后所在乡镇或村庄种地农民的平均负担水平确定，由村民会议研究通过后，报乡镇政府批准实施。对第三种情况的农民收取乡村公益事业资金的收取标准，原则上按税费改革后承包土地农民的平均负担情况确定。但收取乡村公益事业资金的最高标准，实行上限控制，每人每年不超过 60 元，各地可根据实际情况制定上限控制标准。

(三) 乡村公益事业资金的收取、使用及监督管理

向不承包土地的农村居民收取乡村公益事业资金，在具体执

行过程中，要按民主程序办事，经村民大会讨论通过，再按规定收取。乡村公益事业资金，由乡镇财政部门在收取农业税附加时一并代征，使用省财政部门印制的专用票据，资金纳入乡镇财政专户储存。乡村公益事业资金主要用于村集体公益事业发展，如村庄道路、人畜吃水设施、敬老院、植树造林等集体公益事业的建设和维护。其监督管理办法与农业两税附加收入管理办法基本相同。

五、补助收入的管理

补助收入是指农村集体经济组织收到的财政等有关部门的补助资金。对于这部分补助资金，乡镇财政部门和经管部门要加强监督管理，保证专款专用。

六、经营收入的管理

（一）经营收入的内容

经营收入是指农村集体经济组织进行各项生产、服务等经营活动取得的收入。包括产品物资销售收入、出租收入、劳务收入等。其中，产品物资销售收入是指农村集体经济组织统一经营从事农、林、牧、渔业产品及物资销售活动所取得的收入；出租收入是指农村集体经济组织从事物业出租所取得的收入；劳务收入是指农村集体经济组织统一经营提供劳务所取得的收入。

（二）经营收入的预测

农村集体经济组织经营收入实现的数额大小取决于产销量和价格两个因素。为了保证一定时期各项经营收入目标的实现，农村集体经济组织应根据所处的经济环境和生产经营计划，结合产销量的预测和价格情况，以及各种产品的历史资料、未来市场上的供需情况进行分析研究，结合价格的变动趋势、产品促销计划、市场定位等因素，考虑各种有利条件和不利影响，做好各项收入的估计和预测。

1. 趋势预测分析法

趋势预测分析法，是根据历史资料，按一定时期的预测对象的时间序列的平均数，作为某个未来时期的预测值的一类方法，包括算术平均数法、移动平均数法、平滑指数法等。

(1) 算术平均数法。该方法是指直接以一定时期预测对象的时间序列的算术平均数作为未来预测的一种方法。一般适于作短期预测。其算术平均数的取值方法有 2 种：一是简单算术平均数；二是加权算术平均数。

【例 7-1】某村 A 农产品 2013—2017 年连续 5 年的销售额，如表 7-1 所示，预测 2018 年的销售额。

表 7-1　A 农产品 2013—2017 年销售额　（单位：万元）

年度	2013	2014	2015	2016	2017
销售额	10	12	16	18	21

采用简单算术平均法预测 2018 年销售收入：

$$预计销售收入=\frac{10+12+16+18+21}{5}=15.4\text{ 万元}$$

采用加权算术平均法预测 2018 年销售收入（假定各年的权数分别为 0. 1、0. 1、0. 2、0. 3、0. 3）：

$$预计销售收入=\frac{10\times0.1+12\times0.1+16\times0.2+18\times0.3+21\times0.3}{0.1+0.1+0.2+0.3+0.3}$$

$$=17.1\text{ 万元}$$

上述 2 种预测方法，简单算术平均法计算简单，容易掌握，但准确性低，通常适用于收入在各期较为稳定、波动不大的情况。加权算术平均法是根据与预测期的时间远近不同，对各期的数据给予不同的权数。由于近期数据对预测值的影响较大，而远期数据对预测值的影响较小，所以，确定权数时，近期较大，远期较小。加权算术平均法较为合理，但运算比较麻烦，而且其结果是否准确，需取决于权数的设定是否科学合理。

（2）移动平均数法。移动平均数法，又称趋势平均法，是指以过去一定时期销售的历史资料为基础，根据时间序列，逐项移动求序时平均数，并对平均变动趋势加以修正的一种预测方法。计算公式为：

预测期销售量=最后一步的移动平均值+最后一步距离预测期的间隔数×最后一步的平均变动趋势值

式中：移动平均值既可按简单算术平均数计算，也可按加权算术平均数计算；平均变动趋势值是指每后一步的移动平均值与前一步的移动平均值之差，即每步移动平均值增减额。

【例 7-2】某村 B 产品 2017 年 12 个月的销售额资料及移动平均值、平均变动趋势值，如表 7-2 所示。表 7-2 以每 3 个月为一个间隔期。预测 2018 年的销售额。

表 7-2　B 产品 2017 年销售额移动平均表　（单位：万元）

月份	销售额	移动平均值	趋势变动值	移动平均趋势值
1	20			
2	22			
3	27	（20 + 22 + 27）+3 = 23		
5	29	（22 + 27 + 29）+3 = 26	+2	
5	28	（27 + 29 +28）+3 = 28	+2	
6	33	（29 + 28 + 33）+3 = 30	+2	（2+2+2）÷3=2
7	32	（28 + 33 + 32）+3 = 31	+1	（2+2+1）÷3=1.67
8	34	（33 + 32 + 34）+3 = 33	+2	（2+1+2）÷3=1.67
9	36	（32 + 34 + 36）+3 = 34	+1	（1+2+1）÷3=1.33
10	32	（34 + 36 + 32）+3 = 34	0	（2+1+0）÷3=1
11	37	（36 + 32 + 37）+3 = 35	+1	（1+0+1）÷3=0.67
12	42	（32 + 37 + 42）+3 = 37	+2	（0+1+2）÷3=1

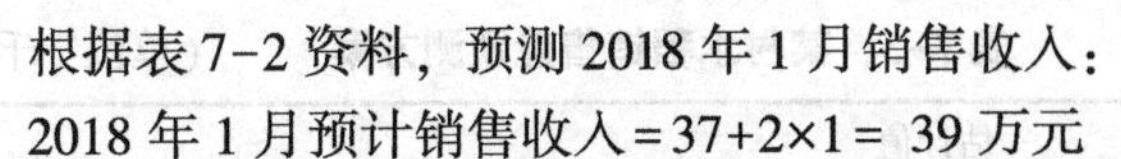

根据表 7-2 资料，预测 2018 年 1 月销售收入：

2018 年 1 月预计销售收入 = 37+2×1 = 39 万元

采用移动平均数法计算预测值，由于每步的间隔期起到修匀数据及消除偶然运动因素的作用，从而能使各期数据相互衔接。这种方法适用于各期生产和销售数量逐渐增加的产品。

2. 市场调查法

市场调查法属于定性分析法，它是根据某种商品在市场上的供需情况的变动或消费者购买意向的详细调查等市场动态信息资料，来预测其销售量或是销售金额的一种专门方法。一般包括集合意见法、专家意见法、统计调查法等。

（1）集合意见法。该法是指集合某些权威人士的判断意见，预测销售量的一种方法。一般适用于近、短期预测。采用这种方法简便易行，但关键是参加人员的选择。一般来说，可从农户中选择几位经验丰富，熟悉预测项目知识，有一定见解的人，作为预测方案的研讨人员。预测人员共同讨论预测项目的发展趋势，各自分别作出预测，最后将每个人提出的预测方案，加以综合分析判断，确定最终的预测值。其具体步骤和方法如下。

第一步，参加预测的人员分别就预测项目提出各自的预测方案。

第二步，确定预测项目可能出现的状态及其概率，并计算出每个预测方案的期望值。

第三步，对所提出的各个方案的期望值进行加权平均，得出综合预测值。

第四步，对形成的预测方案进行必要的调整，得出最终预测方案。

【例 7-3】某村采用集合意见法预测水稻销售量，选出 3 位经验较为丰富的农户成员进行预测。有关预测方案，如表 7-3。

表 7-3　某村水稻销售量预测方案　（单位：千克）

预测人	估计值				期望值
	畅销	概率	滞销	概率	
甲	60 000	0.9	56 000	0.1	60 000×0.9 + 56 000×0.1 = 59 600
乙	62 000	0.7	57 000	0.3	62 000×0.7 + 57 000×0.3 = 60 500
丙	59 000	0.8	55 000	0.2	59 000×0.8 + 55 000×0.2 = 58 200

假定将甲预测人看做最有权威，其权数为 3，乙预测人权数为 2，丙预测人权数为 1。则该村水稻综合预测值为：

$$预计销售量=\frac{59\ 600\times3+60\ 500\times2+58\ 200\times1}{3+2+1}=59\ 667\text{ 千克}$$

（2）专家意见法。这种方法是在提出问题的基础上，征求或调查某些专家的意见，并加以整理得出预测结论的方法。该方法一般适用于没有历史资料或资料不完整，难以进行定量分析情况下的销售预测。专家意见法又可分为专家会议法和专家调查法两种。

专家会议法，这种方法是邀请有关方面的专家，通过会议讨论的形式，就某个预测项目作出评价，在此基础上综合专家的意见，对预测项目的既定方面作出定性或定量预测。

使用这种方法时，应处理好两个方面的问题：一是会议组织前要进行必要的基本情况调查，为会议提供必要的基础材料。二是要发动与会者畅所欲言，自由辩论；会议组织者不发表影响会议的倾向性看法，只是广泛地听取意见。专家调查法，这是一种预测者利用函询的办法，使专家们在互相保密的情况下，以书面形式回答问题，并反复修改意见，最后由预测者对专家意见进行综合分析确定预测值的预测方法。具体步骤如下。

第一步，收集资料，拟订向专家提出的问题，并形成书面材料。

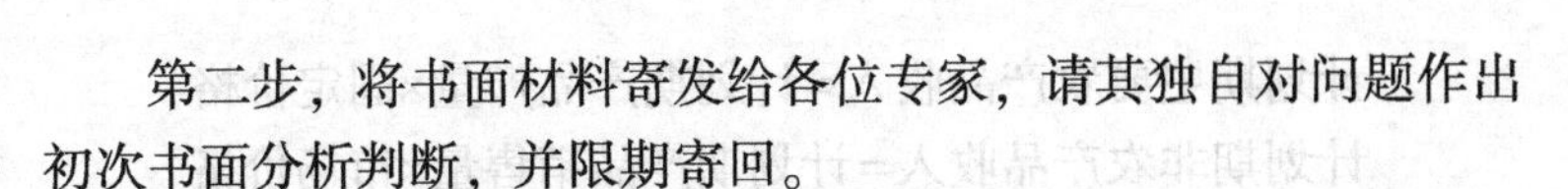

第二步，将书面材料寄发给各位专家，请其独自对问题作出初次书面分析判断，并限期寄回。

第三步，对反馈回来的书面意见加以综合，归纳出几种不同意见，再寄发给各位专家，请他们作出第二次分析判断，按期寄回。如此反复多次，直到专家最终确定方案，不再修改为止。

第四步，运用算术平均数和中位数等统计方法对专家的判断意见进行综合，求出预测值。

(3) 统计调查法。该方法是指根据预测目标的需要，进行实际调查，取得资料，并通过对资料的分析和计算直接作出预测的一种方法。包括典型推算法、对比分析法、百分比率法等。典型推算法，是指根据典型调查或抽样调查所得的样本资料，来推断总体情况的一种预测方法。

其计算公式为：

$$预计值=\frac{典型资料}{样本数}\times调查总数$$

【例 7-4】某镇通过对 120 户居民的典型调查得知，准备购买土豆 12 000千克，该镇有居民 1 500户。预测该镇土豆需求量。

$$土豆需求量=\frac{12\ 000}{120}\times1\ 500=150\ 000\ 千克$$

由上可知，该镇土豆需求量预计 150 000千克，则农户可按此预测安排种植生产。

对比分析法，是指通过分析本年某一时期某类指标在上年同期基础上的增长情况，并据以作出预测的一种方法。

(三) 经营收入的计划

经营收入计划是确定计划期内各项经营收入数额的计划，它是在产销量和价格预测的基础上编制的。经营收入计划要按农产品的品种分段编制，以便控制收入实现的进度和数额，保证各项收入的及时实现。各种农产品计划期收入的计算公式如下。

计划期主要农产品收入=计划期产品产量×固定价格

计划期非农产品收入=计划期产品销售量×市场价格

式中：计划期产品销售量=计划期初产品结存量+计划期产品生产量-计划期末产品结存量

期初、期末结存量应根据内外情况的变化，合理加以预计。

(四) 经营收入的日常管理

1. 销售合同的签订与履行

销售合同是农村集体经济组织为取得经营收入而与购货人或劳务接受人就双方在购销或服务过程中的权利义务关系所签订的具有法律效力的书面文件。为了保证合同的顺利履行，财务人员及村民理财小组在销售合同的签订和履行中，应认真审查合同的内容，检查合同价格，控制商业折扣；控制信用规模和信用期限，加速资金周转，控制费用和风险；监督结算方式的选择，在合同中要明确款项的结算方式，财务部门要提醒经营部门尽可能选择对集体有利、能及时安全收回的结算方式，提交商品和提供劳务后，要按合同规定的期限、结算方式，向对方及时收回款项；如果因某种原因致使合同无法履行，需要解除合同时，对解除合同的处理过程，财务部门应实施监督，以保证农民集体利益不受损害。

2. 销售市场的扩展

稳定的市场是取得经营收入的可靠保证。为了扩大经营收入，减轻农民负担，促进农村经济发展，农村各级组织应在做好区域经济规划的基础上，针对本地区的特色，不断开拓新的市场和流通渠道。具体措施包括：进行市场调研和预测，选择商品目标市场；正确而有计划通过各种媒体向公众宣传农业开发及名新特优农产品；搞好售后服务，开拓流通渠道，不断提高市场份额和占有率。

七、发包及上交收入的管理

农村发包及上交收入，主要是指农户和承包单位因承包集体土地、果园、鱼塘、厂房及其他集体资源等上交的承包金和村(组)办企业上交的利润。

(一) 发包收入的管理

发包收入，就是承包者上交的承包金。它是集体资源和财产有偿使用的体现，反映了农村集体经济组织内部资金的运用和分配关系。农村财务管理中对发包收入的管理主要包括承包金的核定、收取及减免等内容。

1. 承包金的核定原则

承包金的核定是发包收入管理的重要内容，在核定过程中要把握以下原则。

(1) 有偿使用原则。农村集体经济组织的经济资源，属于农村集体经济组织成员所有，不论地区经济发达程度如何，不论何人承包都应是有偿的，这是保护和壮大集体经营的重要措施，也是尊重农民利益的具体表现。

(2) 利益兼顾原则。确定承保金额时要正确处理国家、集体和个人之间的利益关系，确保三者利益不受侵害。

(3) 均衡发展原则。农村经济的特性决定了农、林、牧、副、渔、工、商、运、建、服各业的收益悬殊较大，所以，在核定承保金额时要本着均衡发展的原则，使从事不同产业、不同生产项目的生产者获得比较均衡的收益，促进各业各项目相对稳定均衡地发展。

(4) 客观公正原则。在确定各承包项目的承包金时，必须根据承包项目近期以来的收入、支出和收益的具体情况，对所获收益进行合理的分配，保证承包金额的客观公正。

2. 常用承包金的核定方法

在核定承包金时，应根据不同产业和不同项目采用不同的核定方法。

(1) 非农用地、四荒地承包金的核定。非农用地、四荒地一般采用集中承包给个人或单位的方式。其承包金应经村民大会讨论决定，采用招标的方式，由投标最高者承包，中标者的标额就是最终的承包金。

(2) 果园承包金的核定方法。果园承包受市场前景、承包期限、树势、树龄以及自然因素等诸方面的影响较大，所以，其承保金额的确定难度也较大。在采用平均承包的情况下，可先定出每年的产量，然后按一定的比例核定出应上交的产量，再乘以当年市场价格，计算出应交的承包金；在采用少数农户集中承包的情况下，可以根据产量变化和市场价格进行预测，定出承包期内承包金底数，通过招标的方式，确定承包金。

(3) 农业机构、水利设施承包金的核定方法。农业机构、水利设施属于固定资产性质，是集体共享资源，其受益范围广泛。因此，必须本着为农业生产服务，不断积累资金，以便更加充分发挥机械、水利设施效率的目的来组织承包，不能搞承包垄断。

在确定农业机构、水利设施的承包金时，承包金应包括折旧费、占用资金的利息及投入使用带来的部分利润3部分，并结合承包方式加以确定。在实际工作中，承包金的核定有两种情况：一是发包后，承包者如何使用、如何收费，村里不作决定，只收取承包金。承包金可采取招标方式，由折旧费、占用资金利息和部分利润构成承包金底数，通过承包者投标确定。二是有限制的承包，即由村里统一安排为农户提供服务，规定统一的收费标准，在完成村里安排的任务的前提下，可对外营业，这种情况下所确定的承包金可适当低些。

3. 承包金的收取和管理

承包金额确定后，为了保证年终收益分配的顺利进行，必须按合同规定的日期收取承包金。对不能及时足额上交的，要视其情况按拖欠期限加收资金占用费，直至收回承包金为止。由于承包金是农村集体可供分配收入的重要组成部分，因此，农村财务管理部门和民主理财小组应重视和加强对承包合同和承包金的管理，要专门设置登记簿进行记录和反映，并要定期与承包合同核对，做到准确无误。

(二) 村办企业承包上缴利润的管理

村办企业是农村集体经济组织利用多年的积累兴办的企业，是村集体经济的重要组成部分。村办企业的发展与集体经济组织内部各成员的切身利益密切相关，所以，同各类企业一样，利益共同体要求村办企业在管好用好企业资产的基础上，尽量增加盈利。为了达到这一目的，应根据实际情况给村办企业确定一个合理的承包上缴利润指标，防止出现“亏了村集体，富了企业经营者”的现象。在确定村办企业承包上缴利润额时，一般应考虑的因素包括：该企业近几年的盈利水平、预计可增值的生产能力(包括改善经营管理，技术改造和扩大再生产的生产能力)带来的经济效益、物价变动(包括产品价格的变化和生产该产品所消耗的原材料、能源价格的变化等)的影响以及市场供求变化等，确定承包上缴利润最高和最低限额后，须经村民大会或村民代表大会讨论决定。另外，也可以确定承包上缴利润底数，通过招标方式确定上缴利润数额。对村办企业上缴利润收缴的管理同发包收入的管理一样。

八、其他收入的管理

其他收入主要是指除上述各项收入以外的其他归农村集体所有的款项收入。主要包括银行存款利息收入、固定资产及产品物资的盘盈净收入、固定资产清理净收入、转让无形资产收入、罚款收入等。这些收入同经营收入一样，也是农村集体在生产经营和服务中获得的，并且构成当年收益的分配，但这部分收入在农村集体全部收入中所占的比重较小，往往容易被忽视。所以，要重视和加强对这部分收入的管理，要及时入账和组织核算，防止漏记错记。

九、投资净收益的管理

投资净收益是指农村集体经济组织在投资经营活动中，所取得的投资收益扣除投资损失后的数额，包括对外进行长短期投资分得的利润、股利和债券利息以及投资到期收回或中途转让取得的款项高于账面价值的差额。投资损失包括投资到期收回或者在中途转让取得款项低于账面价值的差额。对投资净收益的管理，必须要加强对投资风险的管理，时刻关注投资方的生产经营状况和经营成果等信息，对已经发生损失或可能发生损失的投资要及时处理，确保投资安全。要按投资项目分别设置专门的登记簿进行登记，对分得的利润、股利和利息收入要及时入账，已收回或转让的投资要及时在登记簿中加以注销。

第二节　成本、费用支出管理

一、成本、费用支出管理的内容

成本、费用支出是指农村集体经济组织在一定时期内，从事生产经营和管理服务等日常活动中发生的经济利益的流出。主要包括成本、经营支出、管理费用和其他支出等方面。

成本，是指农村集体经济组织为生产产品或提供劳务而发生的各种消耗，包括农产品成本、工业产品成本和对外提供的劳务

成本。

经营支出，是指村集体经济组织因销售商品、农产品、对外提供劳务等活动而发生的实际支出，包括销售商品或农产品的成本、销售牲畜或林木的成本、对外提供劳务的成本、运输费、修理费、保险费、产役畜的饲养费用及其成本摊销、经济林木投产后的管护费用及其成本摊销等。

管理费用，是指村集体经济组织管理活动发生的各项支出，包括管理人员的工资、办公费、差旅费、管理用固定资产折旧费、维修费等。

其他支出，是指不属于经营支出和管理费用以外的其他各项支出，包括固定资产及产品物资的盘亏净损失、固定资产清理净损失、利息支出、防汛抢险支出、坏账损失、罚款支出以及转让无形资产摊余价值等。

二、成本、费用支出管理的意义

成本、费用支出的发生使得经济利益流出，直接影响到农村集体经济组织收益的减少和集体积累的增减。因此，必须做好成本费用支出的管理工作，控制和节约费用支出。同时，加强成本费用支出的管理也是农村财务管理工作的重点，对农村经济的发展有着积极重要的意义。

1. 加强成本费用支出管理是加强经济核算，提高经济效益的关键

成本、费用支出是收益的抵减项目，在可供分配的收入一定的条件下，成本费用的多少成为收益多少的决定因素，成本费用越低，收益就越大；反之，成本费用越高，收益就越小。因此，加强成本费用支出管理，能够按计划控制费用支出的发生，减少在生产经营和管理服务活动中的盲目性，通过增收节支活动的开展，加强经济核算，不断降低消耗，以最少的消耗取得最大的盈

利，提高经济效益。

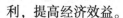

2. 加强成本费用支出的管理是明确经济责任，提高管理水平的重要手段

通过加强对成本费用支出的管理，能够及时发现生产经营和管理服务中的薄弱环节，及时采取措施纠正，明确经济责任，提高农村经营管理水平。

3. 加强成本费用支出的管理，可以正确确定经营耗费的补偿，促进理财水平的提高

成本费用支出是农村集体经济组织在进行各业生产经营和管理服务时发生的各种耗费。这些费用的发生，必须用其自身的生产经营成果，即经营收入来补偿。经营耗费得以补偿是简单再生产顺利进行的前提条件。只有正确地确定计算范围，以成本费用支出额作为标准来补偿生产经营中的各种耗费，才能使生产得到不断的补充，固定资产不断更新，在维持简单再生产的同时，不断发展生产。因此，通过加强成本费用支出的管理，科学合理地确定生产耗费的补偿尺度，不仅可以使生产经营顺利开展，也可以促进理财水平的不断提高。

三、成本、费用支出管理的要求

为了保证农村各项成本费用的支出被控制在有效的范围之内，保证其得以补偿，必须按以下要求进行管理：

(一) 科学合理地制定成本费用支出预算

成本费用支出预算应在每年年初根据当年的收入计划来编制。在编制成本费用支出预算时，要坚持量入为出和增加效益的原则，对生产经营性支出，要兼顾需要与可能，最大限度地保证发展生产和生产经营投入的需要；对于管理费用等非生产性开支，要实行总量控制，不得超支。对其他支出，应增强预见性，杜绝将不合理的开支列入其中。通过实施预算管理，合理安排人

财物，有效地控制各项成本费用开支，在实现收支平衡的基础上，实现盈利。同时，要加强对日常各项支出情况的检查，确保各项成本费用支出计划的执行。年终还可根据实际支出情况，结合预算指标来分析和考核成本费用支出计划的完成情况。

（二）明确成本费用支出的界限

为了真实地反映农村集体经济组织当年各项成本费用的水平，正确地归集各项费用支出，在计算成本费用支出时，应明确各种成本费用支出的性质和界限。

1. 明确生产经营费用支出与专项资金支出、资本性支出的界限

明确和区分生产经营费用支出与专项资金支出、资本性支出的目的在于正确地计算农村集体经济组织的当期损益。凡村集体经济组织当年用于集体统一经营项目和为生产经营提供生产服务的各项开支，包括生产经营费用和非生产经营费用，都属于费用支出。这些费用支出在年终收益分配时，要从当年总收入中得到补偿，它与专项资金支出、资本性支出的性质不同。专项资金支出是指专门用于某种特定用途的开支，如“一事一议”筹资筹劳支出、公益事业支出等；资本性支出是指2个或2个以上年度的各项支出，如为取得固定资产、无形资产发生的各项支出。这些支出各有不同用途，不能相互混淆挤占。

2. 明确生产性支出与非生产性支出的界限

生产性支出是指在一定时期为组织生产经营活动所发生的费用支出，非生产性支出是指为管理服务所发生的管理费用和其他支出。明确和划分生产性支出和非生产性支出的界限，便于严格控制非生产性支出，考核其预算计划的执行情况，控制非生产性支出在总支出中所占比重，以保证生产费用的开支。

3. 明确各项费用支出的年度界限

为了考核各年度费用支出计划的执行情况以及如实地反映财

务状况和经营成果，保证各年度的费用水平和收益分配不受影响，必须明确各项费用支出的年度界限。即凡属于当年的费用支出应由当年负担，严禁转入下年或把属于下年负担的费用支出在当年摊销。

4. 明确各项支出与收益分配之间的界限

为了保证集体积累和发展的需要，年终进行收益分配时，必须明确各项支出与收益分配之间的界限，所提取的公积公益金、应付福利费等属于对当年收益的分配，不是费用支出。

(三) 严格执行开支审批制度

规范村级财务管理，村级财务支出一般由村党组织书记、村民委员会主任和村经济合作社社长联审联签。数额较小的村级日常经费的支出，按财务制度规定进行审签；数额较大的经费支出，由村务联席会议讨论，集体审核同意，由村党组织书记、村委会主任和村经济合作社社长联审联签；数额巨大的经费使用和支出，还须提交村民（代表）会议或社员（代表）会议决定，会议审核同意，由村党组织书记、村委会主任和村经济合作社社长联审联签。财务支出事项，应经村务监督委员会审查。

数额较大和数额巨大的标准，由乡镇政府征求各村意见后提出，报县农经、财政部门审核后明确。

对手续不完备或不符合规定的开支，财会人员有权拒付。

(四) 接受群众监督

全面实行民主理财和村财务公开。民主理财小组要定期对集体开支的单据进行审核把关，定期公布各项支出，增加财务开支的透明度，防止乱开支、乱花钱、贪污挪用等违法违纪问题。对于群众反映的问题，要认真对待和答复，做到民主监督与科学管理相结合，使村级财务管理逐步走向制度化、规范化、法制化的轨道。

四、成本的管理

村集体经济组织的成本核算对象主要包括农产品、工业产品和对外提供的劳务。为正确地反映各成本计算对象的成本耗费情况，应按会计制度规定设置成本明细账和成本项目，归集发生的直接费用和间接费用。进行成本核算时，还必须严格划分收益性支出与资本性支出的界限、产品生产成本与期间费用的界限、本期产品与下期产品之间的费用界限、各种产品之间的费用界限、本期完工产品和期末在产品之间的费用界限、农产品和工业产品以及劳务的成本界限。对各项费用的划分，要按照“谁受益，谁负担”的原则，进行费用的分配，正确计算各种产品和劳务的成本。农村集体经济组织应加强对产品成本和劳务成本的核算与管理，控制非生产费用开支，努力降低生产中各种耗费，不断挖掘降低产品成本的潜力，提高管理水平，待产品销售后按配比原则，从销售收入中补偿成本消耗。

五、经营支出的管理

对农村集体经济组织经营支出的管理，要因地制宜。一般情况下，农村集体经济组织本身直接经营的项目很少，直接经营支出也很少，目前情况下更是越来越少，所以，可以不必进行分类核算和管理。如果直接经营的项目规模较大，支出较多，就需要按经营行业和项目分别核算和管理。在管理中，年初要按经营行业和支出项目编制经营支出计划和预算，同时，要定期检查计划、预算的执行情况，发现问题及时找出原因，及时采取措施加以改进。对经营支出的管理，还必须严格执行配比原则，及时取得经营收入，与经营支出相配比，补偿生产经营中的各种消耗。

六、管理费用的管理

随着税费改革的不断深入，各地区农村集体经济组织收入都有不同程度的减少，从而增加了管理费用管理的难度。因此，农村集体经济组织应重视和加强对管理费用的管理，要按要求大幅度精减村干部人数，减少享受误工补贴人数，降低人员经费开支；要按中央规定，取消村级招待费，压缩各种书报费开支；实行费用预算管理，明确开支标准和开支范围，尽量减少管理费用开支；建立健全严格审批制度，按权限审批，分级审核等，积极采取措施，堵塞管理中的漏洞，把开支压缩到最低限度。

七、其他费用支出的管理

其他费用支出项目比较繁杂，容易发生支出数额控制不当、无程序、无标准乱开支和不合理开支等漏洞，会影响农村经济的发展和社会的稳定。所以，重视和加强其他费用支出的管理是完全必要的。对其他费用支出的管理也要编制预算，并按支出项目进行分项管理，严格控制其支出，加强监督检查，防患于未然。

第三节　收益及其分配的管理

一、收益的构成

农村集体经济组织的收益是指本年度的总收入扣除总支出后的可供分配的收益总额。包括经营收入、发包及上交收入、投资净收益、其他收入、补助收入、经营支出、管理费用和其他支出等项目。农村集体经济组织各项资金收入中，有些不能作为收益进行分配，如村公益事业资金收入和“一事一议”筹资收入都是专门用于集体生产公益事业的专项资金，应作为公积金和公益

金来处理，不能作为可供分配的收入参加当年的收益分配。所以，农村集体经济组织可分配收益总额构成如下：收益总额=经营收益+补助收入+其他收入-其他支出。其中，经营收益=经营收入-发包及上交收入+投资收益-经营支出-管理费用。

二、收益分配的原则

收益分配是指将本年度实现的收益，在国家、集体和村民之间进行的分配。它直接体现了农村经济中各方面的利益关系，政策性较强，涉及面广，业务量大。因此，为了调动各方面的积极性，促进集体经济的巩固和发展，在收益分配中，必须贯彻以下几项原则。

（一）兼顾各方利益关系的原则

在进行收益分配时，要处理好利益分配中各方的利益关系，这是收益分配的核心问题。首先，农村集体经济组织实现的收益必须依法纳税，纳税后的收益要考虑生产发展和集体福利事业的需要先行分配，然后要在投资者和农户之间进行分配。所以，要特别处理好集体与投资者和农户之间的关系，既要考虑发展和壮大集体经济的需要，又要考虑国家和集体、国家和集体组织成员、集体和成员、投资者和农民以及成员和成员之间的利益。

（二）充分尊重广大村民民主权利的原则

随着农村民主管理的全面展开，村集体成员参与管理的权利不断加强。因此，成员对收益分配有权过问、有权参与、有权监督、有权批评。农村集体经济组织的收益分配方案、主要生产项目的承包方法及承包指标在报乡镇经管部门审查后，需经成员大会或成员代表大会讨论通过后执行，同时，要将分配情况以及其他账目在村内公开栏公布，自觉接受群众的查询和监督，将充分尊重广大成员民主权利落到实处。

(三) 兼顾积累和消费的比例关系的原则

积累的目的是为了扩大再生产，而发展生产是为了进一步满足消费的需要，两者既有矛盾性，又有统一性。如果积累的比例过大，就会影响群众的生活水平，不利于调动他们的生产积极性，进而影响生产的发展；如果消费比例过大，又会影响生产经营的资金积累和投入，延缓生产经营的发展速度，最终影响村民收入水平的进一步提高。因此，在组织收益分配时，要正确处理好积累和消费的比例关系，要严格执行国家的有关规定，因地制宜，既要考虑到当前现实的需求，又要着眼于未来，保证农民消费、集体扩大再生产和发展公益事业的需要。

(四) 贯彻按劳分配为主与多种分配方式相结合的原则

目前，农村集体经济组织大多属于社会主义集体所有制性质，经营方式实行以家庭联产承包经营为主。因此，在处理村民个人分配问题上必须贯彻以按劳分配为主的原则。除此之外，随着农村经济体制改革的深入，出现了租赁、拍卖、股份合作、中外合资等多种经济形式和多种经营方式并重的局面。这就需要在坚持按劳分配的同时，必须根据变化了的客观经济环境，采取多种分配方式相结合的方式进行利益分配，以适应农村经济发展的整体和长远利益的需要。

(五) 贯彻公平与效益优先的原则

中国现行农村经济体制是以家庭承包责任制为基础的、统分结合的双层经营体制，其分配方式是承包农户和集体企业的初次分配与农村集体经济组织集体统一再分配相结合。因此，在收入初次分配中，要体现效益优先的原则，多劳多得。同时，在集体收益再分配中要坚持公平原则，以效益促公平，公平保证效益，做到负担平衡、利益均沾，走共同富裕的道路。

三、收益分配的顺序

农村集体经济组织当年可供分配的收益总额，由本年度内实现的收益总额加上年初未分配收益构成。即公式为：

当年可供分配的收益总额=本年收益总额+年初未分配收益

农村集体经济组织当年可供分配的收益总额，要按以下顺序进行分配。

1. 提取公积金、公益金

公积金是用于发展生产、转增资本和弥补亏损的资金，是壮大集体经济、增强综合服务功能的重要资金来源，也是集体资产的一个重要组成部分。公益金主要用于集体福利等公益性设施建设，包括兴建学校、医疗站、福利院、电影院、幼儿园、自来水设施等。每年按比例提取后，要做到有计划地使用，专款专用。提取比例也由各村根据实际情况自行确定。公积金、公益金合计提取比例一般不低于收益总额的30%。

2. 提取福利费

福利费主要用于集体福利、文教、卫生等方面的支出，包括照顾军烈属、五保户支出、困难户支出、计划生育支出、农民因公伤亡的医药费、生活补助及抚恤金等，不包括兴建集体福利等公益设施支出。福利费可用于农民个人福利和救济，不能用于构建公益性设施，不能和公益金相混淆，要保证专款专用。

3. 向投资者分配

向投资者进行收益分配是指按照出资合同、协议和章程的规定，应分配给投资者的收益。

4. 向农户分配

向农户分配是指分配给农户的那部分收益。农村集体经济组织统一经营项目当年实现的收益归全体成员所有，对收益在缴纳国家税金，提取公共积累后，经全体成员同意，可向成员进行分配，分配多少、分配的形式，由村集体组织自行确定，充分体现社会主义公有制和按劳分配的原则。

5. 其他

其他收益分配是指上述分配未包括的事项。例如，农村集体经济组织实行自己补贴农业的办法，即按收益的一定比例建立补贴农业基金，用于农业设施建设和农业生产补贴；又如，按一定比例提取以丰补歉基金，用于补偿自然灾害对农业生产造成的影响等，从而保证农业有较充足的抗御自然灾害的能力，或者在年景不好、收入降低时用于稳定农户的收入水平。经过上述收益分配后，剩余的收益即为本年的未分配收益，可留待下一年度分配。

四、收益分配的程序

农村集体经济组织的收益分配应按以下程序进行。

（一）分配前的准备工作

1. 全面清理资产

在收益分配方案编制前，要对各项财产物资，包括现金、银行存款、有价证券、固定资产、产品物资以及各项投资和债权债务进行全面清查核实。清查的结果与账面核对，如有盈亏，要查明原因，明确责任，经讨论批准后，按情况分别作出妥善处理，并对有关账户进行调整，达到账实、账款、账账、账表相符。

2. 搞好承包合同和其他经济合同的结算和兑现

农村集体经济组织对每个承包项目、每个承包单位、每个承包合同，都要进行认真检查核实，结算清楚，并要张榜公布，接受广大村民的监督。对于未按规定兑现的，要采取措施，抓紧催收；对确有困难和特殊原因一时无法对清的，要在协商的基础上办理入账手续，金额纳入账内核算。在合同结算过程中遇到的难题，要交村委会集体讨论处理，重大问题，应交村民代表或村民

大会讨论处理。

3. 清理和核实全年的收入和支出

财务人员应严格按照财务会计制度的规定，认真核实当年的各项收支，划清各项费用界限，凡不应列入当年分配的收支应当予以剔除；对于漏收漏支的要补记入账，严格执行配比原则和权责发生制原则。保证入账手续的真实性、合理性和完整性。对核实的结果要张榜公布，接受监督。

4. 清理和核实债权债务

对各项债权债务要进行清理核对，及时结算和组织催收或偿还，并按规定做好账务处理，以明确债权，偿还债务，压缩陈欠。对应属于当年可供分配的应计收入和应计支出，应进行结算转账；对集体垫付的水、电、机耕等费用，要与农户进行核对，属于应由农户负担的费用，要分摊到户和及时结算。任何人不得擅自决定应收款项的减免，避免集体资产的流失。

5. 全面清理和核实集体经营用工

用工是支付劳动报酬的依据。在年终收益分配时，要对集体各种的用工以及应付劳动报酬，都要列入收益分配方案，凡属劳动积累工和义务工的要兑现找补。

6. 民主商定各项收益分配的具体政策

农村集体经济组织应根据财会人员提供的当年财务状况和经营成果及其他会计信息资料，正确贯彻执行在收益分配问题上的各方利益兼顾和按劳分配为主等分配原则，同时，要民主审议确定当年决算分配的各项具体政策。

（二）编制收益分配方案

农村集体经济组织年终收益的分配，是通过编制收益分配方案来进行的，包括收益分配总方案和农户分配明细表。收益分配总方案总括地反映了农村集体经济组织全年生产经营成果及其分配情况。收益分配总方案编制完成后，报乡镇经管部门审查，经村民大会或村民代表大会讨论通过后执行。农户分配明细表主要反映对农户的分配结算情况。

（三）组织分配兑现

农村集体经济组织编制的收益分配总方案要报送乡镇经管部门审查，重点审查其合法性、合理性、政策性和真实性等方面；审查后，再经村民大会或村民代表大会讨论通过后执行，然后组织各项分配工作，结算兑现。年终收益分配工作结束后，要将收益分配情况在村内张榜公布，接受群众的监督。

第八章 财务检查

第一节 财务检查的意义和内容

一、财务检查的概念

财务检查是指以国家财经法规、财务制度为准则，以财务与会计资料为依据，对农村集体经济组织的财务收支及各项财产的合理性、合法性和有效性，进行查证核实，以达到严格财务制度、维护财经纪律、加强财务管理的财务监督活动。具体地说，是要检查会计凭证、会计账簿、会计报表所记录和反映的经济业务是否及时、准确和完整，是否存在差错，是否有弄虚作假的现象；要检查村集体经济组织生产经营及管理服务等协调活动是否真实、合法、合理；要检查村集体经济组织财物实有数和账面数是否相等；对查出的铺张浪费、非法侵占集体财物和其他财务混乱等问题，要查明原因，追究违法乱纪人员的责任，提出改进措施；对财务管理和会计核算方面的先进经验和做法，要总结发扬。财务检查是村合作经济组织实行财务监督的一个重要手段，也是一项经常性的财务管理业务工作。村合作经济组织应针对本村财务管理工作实际，定期或不定期地搞好财务检查工作，促进财务管理工作的规范化。

二、财务检查的意义

（一）有利于加强会计基础工作，使会计资料真实合理地反映经济业务

通过财务检查，可以及时发现在会计建账、记账、算账、公布账目等环节中可能存在的问题，从而按《会计法》《会计基础工作规范》等财会制度的要求，解决问题，纠正错误，使会计凭证、账簿和报表的记录及时、准确、完整，使反映的经济业务真实、合理、合法。

（二）有利于加强财务管理，防止集体财务管理混乱

通过组织财务检查，可对农村集体经济组织财务管理制度的建立和执行情况实施有效的监督。同时，对财产物资、货币资金、财务收支等财务管理环节存在的问题进行查证，并按制度规定作出处理，不断揭露财务管理混乱、基础工作薄弱等方面的问题，有效地堵塞财务漏洞，克服财务混乱现象，促进财务管理的规范化。

（三）有利于确保集体财产安全完整，促进集体资产保值增值

通过财务检查，核对账目，可以及时掌握集体经济状况，明晰各类产权关系；可以及时核实债权、债务，清理收回各种拖欠款和拖欠的财物，化解各类债权、债务，促进承包合同和其他经济合同的结算兑现，在确保集体财产安全的前提下，促进资产不断增值，巩固壮大集体经济。

（四）有利于改善经营管理，提高经济效益

通过财务检查，可以挖掘财产物资和资金潜力，厉行增产节约，组织增收节支，加速资金周转，从而提高经济效益。

（五）有利于促进集体财务民主管理和监督工作

通过财务检查，监督农村财务公开及民主理财工作的开展情

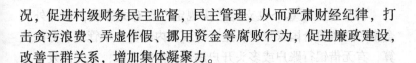

况，促进村级财务民主监督，民主管理，从而严肃财经纪律，打击贪污浪费、弄虚作假、挪用资金等腐败行为，促进廉政建设，改善干群关系，增加集体凝聚力。

三、财务检查的内容

农村集体经济组织财务检查的内容，主要包括检查财务管理制度和财务预算执行情况、会计基础工作、货币资金、财产物资、债权债务和各项收支等情况。

（一）财务管理制度和财务预算执行情况的检查

财务管理制度和财务预算执行情况检查的主要内容如下。

（1）检查各种财务管理制度是否建立健全。

①内部牵制制度和稽核制度；

②原始记录、定额管理、计量验收、财产清理制度；

③财务收支审批制度；

④各类费用执行标准及审批制度；

⑤现金管理制度；

⑥固定资产管理条例；

⑦项目投资管理办法，以及票据管理制度等。

（2）检查各项财务管理制度的建立和执行情况，看财务负责人和财会人员的职权是否明确，钱、物的管理和收支审批是否严格按制度办事。

（3）检查各项财务预算的制定是否科学合理，切实可行；财务预算的批准是否符合规定。

（4）检查财务预算的执行情况，是否落实预算指标归口管理责任制度。检查预算内经费领拨、经费支出的真实性、合规、合法性，核实预算与实际拨付是否相符，有无未按用款计划使用资金的问题，有无虚列资金的问题、有无虚列支出、弄虚作假，将预算内经费转预算外，设置“账外账”“小金库”问题。

(5) 检查预算外收支是否按规定办理有关手续，预算外资金来源是否符合国家规定，是否与预算内经费分账管理、分账核算，有无借银行账户或多头开户逃避监控的现象，有无乱发奖金实物，有无违反财经纪律乱列其他开支等情况。

(二) 会计基础工作的检查

对会计基础工作的检查，一定要严格执行《会计基础工作规范》的规定。其检查的具体内容包括会计凭证、账簿和报表。

1. 会计凭证的检查

对会计凭证的检查，要求一查原始凭证；二查记账凭证，但主要是检查原始凭证。对原始凭证的检查，必须特别注意各种原始凭证的名称、金额和用途，防止重复报销；防止已经用自制凭证报销的支出，过后又用外来合法凭证再报销；防止已付出实物，又作价支付现金等虚报冒领的现象发生。对记账凭证的检查，要注意与原始凭证进行核对，检查有无多记支出，少记收入，甚至把收入当做支出处理等情况。在记账凭证附有多张原始凭证的情况下，更应注意检查其中是否夹带有非法部分。对于没有原始凭证作附件的记账凭证，要查明处理的根据。

2. 账簿的检查

对账簿的检查，主要从以下几个方面入手。

(1) 检查村集体经济组织是否按会计制度规定设置账户，会计科目名称是否规范。

(2) 要注意年度之间的衔接。在会计制度不变、账户不需调整的情况下，新账有关账户的“上年结转”数，应与旧账的“结转下年”数完全一致。如果由于制度的改变、账目的调整，致使上下年度的账户名称、核算内容和数字不能一致时，应编制账户调整表进行调整，调整后数字必须一致。

(3) 要注意各账户的记录是否与有关账、证、表的记录相符。要检查和核对清楚各账户的合计、累计、余额的数字、合计

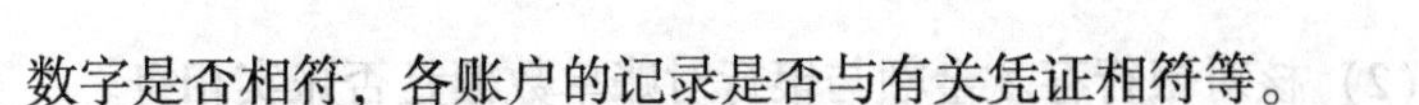

数字是否相符，各账户的记录是否与有关凭证相符等。

(4) 要注意在某些特殊情况下的账面数字必须相符。如财会人员已经变动，应查明其移交清册上的数字是否与当时的账面数字相符。

3. 会计报表的检查

对会计报表的检查，主要包括以下内容。

(1) 检查会计报表的种类、名称、填列项目、制作时间等是否符合会计制度的规定。

(2) 检查会计报表的数字是否与核对后的有关账面数字相符，有关各栏收入、支出、分配的数字是否相符和平衡。如有附表，要检查核对主表与附表的有关数字是否相符。至于本期报表与上期报表数字的变化及原因，则需结合财务分析来考核查明。

(三) 货币资金和有价证券的检查

货币资金检查的范围包括库存现金、银行存款和有价证券。

1. 现金的检查

(1) 检查会计与出纳人员之间是否明确分工，现金、支票、有价证券保管是否符合规定。

(2) 清点现金，库存现金余额是否与账面余额相符，库存现金有否超限额，有无公款私借。如果库存现金余额小于账面现金余额，且数额较大，就可能存在公款私存或贪污挪用问题；如果数额较小，就可能有错账或挪用现金现象；如果现金余额出现红字就可能存在有"小金库"，必须查明原因。

(3) 审查现金日记账及收付凭证，有无白条抵库，是否超规定范围使用现金，有无坐支现金、贪污挪用现象。

2. 银行存款的检查

(1) 核对银行账户的合法性，是否符合开设账户的规定；基本存款账户有无人民银行的批复，如果没有人民银行的批复，要查清原因；看是否私设账户，设立"小金库"等。

（2）核对银行存款金额与银行对账单数额是否账实相符。

（3）核对银行存款日记账的每一笔记录是否与银行对账单中的每一笔记录一致；将银行存款日记账与银行存款总账余额相比较，看是否存在资金体外循环，公款私存，公款私用现象。

（4）审查银行存款日记账和收支凭证，是否遵守结算纪律，是否有出借、出租银行结算账户，签发空头支票、远期支票和弄虚作假套取现金、套取银行信用等问题。

3. 有价证券的检查

（1）查明有价证券的实有数，金额是否与账面相符，有价证券利息计算是否准确、是否及时入账。

（2）审查有价证券登记簿和有关凭证，是否如实记录有价证券的收入、转让、注销等情况，在购入和转让有价证券时有否违规行为。

（3）有无用村集体资金、有价证券为个人或外单位担保、抵押行为。

（四）财产物资的检查

财产物资的检查，主要是指对固定资产和产品物资的检查。

1. 检查的范围

（1）房屋、建筑物、机器设备、运输设备、工具、器具、经济林木等；

（2）库存物资、产成品；

（3）租出的固定资产；

（4）租入的固定资产；

（5）各种在建工程及在建工程用物资等。

2. 主要检查内容

（1）检查财产物资的管理制度是否健全，是否落实专人保管。

（2）盘查财产物资的数量，与账面核对，是否相符，如有

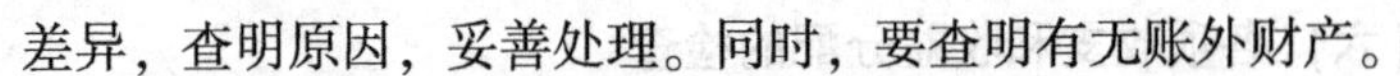

差异，查明原因，妥善处理。同时，要查明有无账外财产。

(3) 检查各种财产物资的出入库手续是否健全，来源是否正当，使用是否合理，结存是否正确，保管是否妥善，是否有账外经营固定资产，是否有将集体资产无偿提供给关系人使用而捞取好处，是否有关键管理人员自己或亲属利用不正当手段非法侵占集体财物的问题等。

(4) 检查财产物资的质量。固定资产有无提前报废、毁损，产品物资有否损坏变质等问题。

(五) 债权债务的检查

债权债务是指农村集体经济组织与内部单位、村民及外单位、个人的各项应收应付款项。检查的内容主要包括如下。

(1) 核对总账与明细账，检查债权和债务的对象是否明确，数额是否真实，核算是否准确。

(2) 检查应收款项，与对方单位、个人核实，有否无故拖欠款、呆账存在；有否弄虚作假、虚设科目等问题；有无随意核销坏账的行为。

(3) 检查应付款项和借款，对各类借款要逐笔清理，检查借款用途是否合理，查清利率、利息是否符合有关规定以及已付、未付情况；与对方单位、个人核实，有否为转移资金而虚设科目；有否无故占用、挪用应付款项等问题。

(4) 检查应收应付款项的收付凭证，往来结算手续是否完备，是否有收回不入账等隐匿收支的行为。

(5) 核对内部往来，是否有违规违纪行为，有无将集体资金长期占用或转借给他人使用，或投资给关系人的企业，捞取个人私利。有无将资金转移给往来单位以逃避监管，有无将资金转移给无业务往来或有业务往来而又无实际业务发生的单位巧取豪夺，或将应由个人负担的费用转移到往来单位报销等。

（六）各项收支和收益分配的检查

1. 收入的检查

（1）检查各项收入的来源情况，来源项目有哪些，是否合法合理，是否完全入账。

（2）检查承包合同和其他经济合同的兑现情况，各项发包及上交收入是否按合同规定结算兑现。

2. 支出的检查

（1）检查各项费用开支情况，是否合法合理，能否做到先保证生产资金，后满足生活福利资金，有否乱开支、铺张浪费等问题。

（2）检查支出发票是否合规合法，要素填写是否完整，报销审批手续是否齐全等。

（3）支出票据有无经办人、审批人、村民主理财小组审核签字并盖章。大额支出是否按规定程序经过研究同意及村民主理财小组审议通过，或是否经村民代表会议讨论通过和报批。

（4）检查有无与本单位业务无关的费用开支，是否用假发票套取现金，私设“小金库”，或贪污行贿等违法乱纪行为，正常支出账簿记录上下衔接是否出现异常等。

3. 收益分配的检查

收益分配的检查，主要是检查收益分配的方案是否合理，方案的批准是否符合制度规定，有否超分配和分配不公等问题。

（七）其他方面

主要包括是否按村民自治的原则进行民主理财，财务公开是否透明、全面，有无遗漏；是否按照《会计法》的规定设置会计机构、配备业务素质相应的会计人员；是否有书面的岗位制度以明确各岗位的职责；会计主管及会计人员的任免是否符合法定手续；会计人员是否符合执业要求，是否持有会计证上岗以及继续教育情况；会计工作交接手续符合会计制度要求；会计档案的管理是否符合要求；财务电算化执行及运行情况，是否严格按照

财政部《会计电算化工作规范》和《广东省农村经营管理电算化管理办法》开展财会电算化工作；会计机构、会计人员对于不真实、不合法的原始记录和违反国家统一财政、财会、会计制度规定的财务收支，是否能按照《会计法》的规定进行处理等。

第二节　财务检查的种类、方法和工作程序

一、财务检查的种类

（一）按检查的范围不同，可分为全面检查和重点检查

全面检查，是指对财会工作进行全面、系统的检查。全面检查由于内容多，涉及的范围广，因此，通常是在年度决算前或单位清产核资、撤并以及改变隶属关系、变更法人代表时进行。重点检查，是指根据管理的需要或以经济活动、财务收支或财会工作中出现的某些比较突出的问题为重点进行的检查。这种检查带有针对性，主要围绕货币资金、财产物资以及财会工作中的薄弱环节来进行。目的在于揭露和查明问题，改进工作。

（二）按检查的时间不同，可分为定期检查和不定期检查

定期检查，是指按照预先规定或计划安排的时间进行的检查，一般在月末、季末和年末进行。这种检查适用于检查核实会计核算资料，为进行收益分配和年终决算服务。同时，也可适用于检查农村集体经济组织各个阶段的生产经营活动和财务收支过程的情况和问题。如对其他财产物资、债权债务每年至少应检查一次。定期检查可以是全面检查，也可以是重点检查。不定期检查，是指根据财务管理的要求，为了特定的目的，对某些需要查清的经济问题而进行的临时检查。这种检查基本上是有目标、有重点、有专项的检查。如通过对现金、银行存款的不定期检查，弄清有无贪污、挪用和白条抵库等违反财务制度的现象。

（三）按检查的方式不同，可分自查、互查和专查

自查，是指农村集体内部组织财会人员对本单位财务收支情况进行的自我检查活动。它既可以是全面内容的检查，也可以是有针对性的重点检查。目的是保证核算资料的完整准确，提高核算质量。它是日常财务检查方法中最常用的一种。

互查，通常是指由上级主管部门牵头组织，在基层单位自查的基础上，单位之间进行的对口、循环等检查活动。目的是为了交流财会工作经验，取长补短，共同提高。

专查，是指组织专门人员，专门对财务不清的单位或个人进行的检查。目的在于查清问题，明确经济责任。

（四）按检查的执行单位不同，可分为内部检查和外部检查

内部检查，是指农村集体内部组织的检查，如上述的自查即属于内部检查。

外部检查，是指国家各级财政、税务、国有资产管理及主管部门等所进行的检查，如上述的互查、专查即属于外部检查。外部检查必须有内部检查工作人员参加，并先通过本身业务工作，把好资金收付的审核关，可以有效地防止违法乱纪行为的发生。

二、财务检查的方法

财务检查通常采用的方法有：查账法、对账法、盘存法、鉴定法、调查征询法等。

（一）查账法

查账法，是指对凭证、账簿、报表等会计资料进行检查的方法。

按照查账的顺序和范围，一般可分为顺查法、逆查法和抽查法。

1. 顺查法

顺查法，是指按照账务处理程序，从原始凭证开始，顺序检

查记账凭证、会计账册，最后查会计报表的一种检查方法。这种检查法的优点是：检查的内容比较全面，结果比较准确。适用于检查那些核算工作不健全，存在账款、账实、账账、账证、账表不符以及铺张浪费等不正当行为，或账目多而乱的单位。缺点是重点不突出，工作量大。采用顺查法时，检查人员必须了解或掌握经济业务发生的规律性，识别原始凭证和账务处理是否真实、正确、合法。

2. 逆查法

逆查法，又称倒查法，它是指按照记账程序相反的次序，即先从掌握线索、分析报表入手，再查核账簿、记账凭证，最后查原始凭证的一种检查方法。这种检查法的优点是能突出重点，抓住问题实质，深入检查，既省精力又能少花时间。缺点是带有主观片面性，同时，对检查人员的政策水平、业务水平要求较高。采用这种方法，必须仔细分析报表，详细查核其中增减变化异常的数据，认真对待可疑或容易作弊的地方。

3. 抽查法

抽查法，是指缩小检查范围，集中抽查某一时期或某些个别核算资料，查明重点问题的一种检查方法。抽查法，能省时省力，提高工作效率，但对检查结果不能绝对肯定，只能相对推定，因此，不可避免地具有一定的假定性。采用这种检查方法；要求检查人员必须深入了解和分析被检查单位情况，周密考虑、认真选择抽查的对象和数量。一般地说，对于现金、主要产品物资等，应当进行全部盘点；对盘点全部实物有困难的，可以采用抽查的方法。

（二）对账法

对账法，是指根据会计凭证、账簿所反映的经济业务内容，向有关单位或个人进行查对。对账的具体方法，可根据经济业务内容分别采用以下几种。

1. 直接对账法

直接对账法是指直接持会计凭证、账簿向有关单位和个人进行当面核对。这种方法适用于向经常发生业务往来关系和便于当面核对的单位与个人进行对账，如发生差错可以当面交换情况，及时纠正。

2. 对账单对账法

对账单对账法，是指向有关单位和个人发出对账单进行对账。这种方法适用于同银行、信用社、供销社等单位之间核对存、贷款和货款等账目。对于不便于直接对账的单位和个人，也可以采用此方法。发出的对账单应在核实自己所记账目的基础上，根据明细分类账簿记录填列，内容一般应包括对账期内的每一笔收支往来和余额。对账单要一式两联发送给对方，对方核对无误后，在作为回单的一联上注明“核对相符”字样，签章后退回发出单位表示认可；如果发生数字不符，则应将不符的情况在回单上加以说明，以便进一步查证落实。

3. 张榜（或口头）公布对账法

这种方法主要用于农村集体内部经济业务往来的核对。它不仅可以达到对账的目的，也是贯彻民主理财，接受村民群众监督的好方法。

（三）盘存法

盘存法也称实地盘点法，就是对库存现金、有价证券、库存物资及其他实物进行实地清查，并与账面余额相核对，据以确定账实、账款是否相符。在对这些财产物资进行盘点时，要注意从数量上和质量上进行检查。这种方法主要适用于固定资产、产品物资、现金等的检查。实地盘点时，为了明确经济责任，实物保管人应当在场，并参加财产的盘点工作，要根据计划有步骤地进行，防止重复和遗漏。同时，要注意实物的质量，有无毁损、霉烂、变质，及账外财产或超储积压、不配套等不合理现象。对于

一般的固定资产、库存物资等，可以进行点数、过秤、量尺，直接确定其实物量；对于包装完整的库存物资等可采用实物抽查法重点抽查；而对大量成堆堆放或价廉体重的各种财产物资，则可采用技术推算法进行估算。盘点完了，要根据盘点情况如实登记“盘存单”，说明盘点的结果和存在的问题，并由盘点人和实物保管人签字盖章，以明确经济责任。

实地盘点后要根据盘存单和有关账簿记录编制盘存盈亏表，从而确定盘盈、盘亏情况，还应查清账实不符的原因，明确经济责任，提出处理意见。

（四）鉴定法

鉴定法也称鉴别法，是指通过聘请专家或利用专业技术的方法，对账证的真伪和财产物资的品种、规格和质量状况进行鉴定。主要是在用其他方法无法辨别账证真伪好坏的情况之下，才使用这种方法。

（五）调查征询法

在会计核算资料检查或实物检查中，如果发生疑问而又不能作出使人信服的结论时，或者在检查中，发现了问题的线索，但并不反映在核算资料上，那么只有通过调查征询的办法，向有关人员或单位征询意见，核对事实经过，查清问题。

三、财务检查的工作程序

财务检查是一项复杂的工作，具有政策性和技术性强、工作量大、涉及面广等特点。因此，开展财务检查，就需要明确检查的目的和要求，有领导、有计划、有步骤地进行。

（一）成立财务检查小组

做好财务检查前的准备工作在财务检查前，要进行下列准备工作。

1. 调查研究，掌握被检查单位的情况

实施财务检查之前要成立财务检查小组，财务检查小组要组织必要的调查研究，了解和熟悉被查单位的情况，包括掌握检查对象的历史和现状，特别是经营管理中的薄弱环节和容易产生问题的地方。

2. 督促会计部门和会计人员将账簿登记齐全

会计部门和会计人员应将截至检查日前的有关账目登记齐全，结出余额，核对清楚，保证账证相符、账账相符，为检查工作提供正确的账簿资料，对银行存款，应取得银行对账单，以便查对。对各项财产物资也要全部登记入账，整理清楚。

3. 深入群众了解情况

实施财务清查过程中，要做好宣传工作，充分发动群众提供线索，反映情况，借以发现会计核算资料不能反映的问题。

（二）制订检查工作计划

在做好准备工作的基础上，财务检查组应从实际出发，制订切实可行的财务检查工作计划。工作计划一般应包括检查的目的、要求、范围和内容；检查的方法、时间、力量配备及注意事项等问题。

（三）按照计划要求开展检查工作

财务检查工作计划，必须认真执行。在具体进行过程中，可先易后难，连项检查。对查出的问题，应根据性质分清主次，分类做好检查记录。

（四）作出书面财务检查报告

在搞好检查查证的基础上，要根据查明的事实作出书面报告。报告中应对被查单位的工作进行正确的评价，指出财务管理中的先进经验和有待改进的地方，对于查出的问题，要根据国家政策、法规和制度的规定，深入分析其发生的原因，针对检查中涉及财务管理方面的具体问题，提出处理意见，采取措施，整顿

经营管理工作。同时，要分清问题的是非曲直，区别工作过失、营私舞弊甚至毁灭凭据、抗拒检查等不同情况，确定应负责任的部门和人员。

(五) 公布财务检查结果

财务检查工作的情况和处理结果，应及时向村民群众公布。

第九章　财务公开

第一节　财产公开与民主理财

一、财务公开与民主理财的意义

（一）财务公开与民主理财的含义

农村财务公开是指农村集体经济组织以一定方式将其财务活动情况及其有关账目，定期如实地向全体村民公布，以接受群众的有效监督。民主理财就是由村民会议或村民代表会议选举产生的民主理财小组代表村民对本村的一切经济活动和财务运行状况实施民主监督的过程，是组织村民成员参与村集体经济组织的财务管理、监督，以充分行使村民群众民主管理权利。两者尽管含义不同，但在本质上，都是民主管理在财务管理中的具体体现，是建立健全农村集体经济组织及其运行机制的必然选择。

（二）财务公开与民主理财的关系

财务公开和民主理财是农村基层民主化管理的核心内容。一方面财务公开是财务活动、财务成果及财务收支账目向全体成员的公布；民主理财则是集体成员民主地参与农村财务管理的过程。另一方面两者又是统一的。民主理财是财务公开的前提，没有民主理财的公开只能是假公开；而财务公开是民主理财的基础，没有财务公开就不可能有完整的民主理财。由此可见，财务公开与民主理财是民主管理的两个方面，财务公开是其检验形

式，民主理财是其实质内容，民主理财起着关键的主导作用。民主理财是实行村民自治，推动农村民主政治建设的有效手段，是民主管理、民主监督原则在财务管理工作中的具体体现，其实质是让村集体经济组织成员参与财务管理，将财务工作置于群众监督之下。但财务公开在目前乃至今后相当长时期内作为民主理财的一个主要标志和检验手段显得更为突出。

（三）财务公开与民主理财的意义

从目前农村中出现的种种问题看，在村务公开与民主管理工作中，财务较之政务、事务显得更为重要。综观农村上访案件，无论是实际的经济问题，还是群众的怀疑不满，多数是财务问题。其中，绝大多数是财务不公开、管理不民主所造成的。由此可见，加强财务公开与民主理财已经成为村务公开与民主管理的迫切任务和重要内容。

1. 实施民主理财和财务公开有利于提高村集体经济组织的财务管理水平

通过民主理财和财务公开可以及时发现财务管理工作中存在的问题，了解村财务计划和资产管理是否科学严格，投资结构是否合理；所签合同是否全部真实、合法有效，执行情况怎样，农民负担方面是否存有问题等；有利于及时提出改进措施，认真贯彻村集体经济组织的会计核算制度，健全财务管理制度，规范财务行为，使财务管理趋向制度化、规范化。

2. 实施民主理财和财务公开有利于抑制腐败，强化廉政建设

通过定期进行财务公开和民主理财，可以及时暴露村集体经济组织中存在的各种违纪问题，使集体财务置于村民群众的监督之下，使村干部的权力受到应有的约束。这样，必然会有效遏制公款吃喝、公费旅游和贪挪公款、侵占公物等现象的滋生，严肃财经纪律，促进廉洁自律，强化廉政建设。

3. 有利于壮大村集体经济组织实力，加快新农村建设及小康社会建设进程

通过民主理财和财务公开有利于调动群众当家做主的积极性，增强他们办好集体经济的责任感，努力发展生产，开源节流。一方面能缩减非生产开支，增加集体积累和生产投资；另一方面能调整不合理的投资结构，开发新兴产业，确保集体经济健康快速发展。推进新农村建设及小康社会的建设进程。

4. 有利于缓和干群关系，促进农村社会的和谐稳定发展

集体财务不清，经济秩序混乱是造成农村干群矛盾加剧，人心涣散的重要原因，也是妨碍农村社会稳定的一个突出问题。通过民主理财和财务公开，有利于理顺财务关系，维护群众利益，促进农村党风廉政建设，密切党群干群关系，从而促进农村社会和谐稳定发展。

5. 民主理财和财务公开是完善村民自治，发展社会主义民主的重要内容

村集体经济组织的集体资产，包括土地等重要生产资料和集体积累属于全体村民共同所有，因此，每个村民都有权利、有义务参与和监督集体经济组织的财务管理。通过民主理财和财务公开，就可以确保村民的意愿能够表达出来并被落实，村民的利益和直接行使民主的权力才能受到保障。

二、民主理财组织

（一）村民主理财小组的建立

村集体经济组织的民主理财工作平时主要由民主理财小组开展和实施。有重大事项时，才需要召开村民大会或村民代表大会讨论研究。因此，民主理财小组实际上是实行日常民主监督和民主管理的主体。民主理财小组是由群众民主选举产生的，代表村民对村级事务履行监督职责，行使监督权力，实行民主管理的监

督机构。

村民主理财组织人员选举产生必须坚持民主、公开、公正的原则、依法选出符合民意、坚持原则、办事公道正派，勇于维护集体利益的理财人员，真正把村民主理财组织建设成为民主选举、民主管理、民主决策、民主监督的基层群众性组织。民主理财组织成员应由村民大会或村民代表大会选举产生，成员由具有一定的政治觉悟和文化素质，责任心强，在群众中有较高威望老党员、老干部和年轻村民组成。民主理财小组中村民代表应占理财人数2/3以上，村民代表和有关村干部共同参加民主理财组织。村集体经济的主要负责人、分管财务的主要负责人、会计人员及其直系亲属不得参加民主理财组织。村民理财小组的人数可以视村社规模大小、工作任务轻重适当确定。一般来说，由3~5人组成，并推选一名负责人，由其负责召集日常理财和联络、协调工作。每届任期3年，可在村委会换届后1个月内进行换届选举，任期届满可连选连任。

民主理财小组要在上级政府和村党支部的指导下开展工作，认真履行职责，实施对村级财务收支和财务制度执行情况的审查监督，及时向村党支部、村委会反映村民的意见和要求，充分发挥上下沟通的桥梁作用。

(二) 民主理财小组人员的职责与权利

民主理财小组成员必须认真加强政治思想教育，学习国家有关财经纪律法规，提高自身业务素质和法律意识，积极参与区(县)、乡（镇）举办的业务培训，认真做好对村集体经济组织财务的监察监督工作。

1. 主要职责

(1) 参加本村各种会议，参与制订财务预算计划，决定分配方案和发展经济项目等重大事项，并监督执行情况。

(2) 参与集体投资基建项目的立项、论证、投标及工程验收工作。

(3) 参与和监督土地转让、宅基地分配方案的制订和实施工作。

(4) 根据村民反映意见，对有关人员财务问题进行取证核实，弄清真相，向群众作出解释或提交上级处理。

(5) 监督集体资金流向，盘点存款和审议财务收支数据，并对一切不真实、不符合制度的开支拒绝入账。

(6) 监督集体资产管理，债权债务的结算及经济合同签证、兑现工作，防止集体资产流失。

(7) 认真做好民主理财的财务收支审查，监督财务人员定期公布账目，接受村民监督。

2. 民主理财小组的权利

村集体经济组织民主理财工作要在全面推行村集体经济组织财务公开制度的前提下，规范有序地进行。村集体经济组织要建立健全民主理财小组，履行民主监督职责。民主理财小组享有的权利如下。

(1) 对本集体经济组织财务活动的民主监督权利。

(2) 有权参与制订本集体经济组织的财务计划和各项财务管理制度。

(3) 有权参与重大财务事项的决策，有权检查审核财务账目。

(4) 有权否决不合理开支，有权要求有关当事人对财务问题作出解释。

(5) 有权直接向农村经济管理部门反映本集体经济组织的财务管理状况。

(6) 村集体经济组织各项支出的原始凭证，经手人要签字并注明其用途，经村民理财小组审查盖章后，由村级主管财经领导签批，方可入账核算。

（三）民主理财小组的义务

（1）按期召开民主理财会议，制定民主理财章程，开展民主理财活动。

（2）接受本集体经济组织成员委托查阅、审核财务账目。

（3）向本集体经济组织成员大会或成员代表会议报告民主理财情况。

（4）向本集体经济组织提出财务管理方面的意见和建议。

（5）配合农村审计部门做好农村审计工作。

（6）保守本集体经济组织的财务、商业秘密。

三、民主理财的形式

村民主理财工作应根据具体事项不同，采用不同的理财形式。

（一）召开村民大会或村民代表大会

村集体经济组织的重要财务事项，应先报乡（镇）农村经营管理部门审查，经村民大会或村民代表大会讨论通过后执行。这些重大财务事项主要包括如下内容。

（1）村集体经济组织筹集的资本在特殊情况下需要抽走的。

（2）村集体经济组织的大额借债。

（3）由于债务单位撤销，依照民事诉讼法确实无法追还，或由于债务人死亡，既无遗产可以清偿，又无义务承担人、确实无法收回的应收款项的核销。

（4）大、中型固定资产的变卖和报废处理。

（5）大额对外投资项目。

（6）村集体经济组织会计人员的任免和调换。

（7）计划外较大的财务开支项目。

（8）主要生产项目的承包办法及承包指标。

（9）村集体经济组织管理人员工资的数额。

（10）其他重大财务事项。

（二）召开民主理财会

民主理财小组应定期召开理财会议，认真听取和反映全体成员对村集体经济组织财务管理工作的意见和建议，与村干部共同讨论村集体经济组织重大财务问题，协助并监督村领导和财会人员搞好财务管理。

民主理财会议召开的时间间隔可以根据财务管理工作的状况而定。重点参与制订各项财务管理制度，参与收益分配方案、公积金、公益金、福利费的提取和使用，管理人员工资的确定，参与研究决定固定资产的购置、农田基本建设、安排集体福利事业、兴办经济实体的问题，参与农村“一事一议”资金使用等问题。

（三）开展财务检查与监督

民主理财小组在每月5日前都要对上个月村集体经济组织的财务账目和财产物资进行清查。主要检查财务制度的执行情况，检查会计工作规范情况，检查承包合同及其他经济合同的执行实施情况，检查现金、银行存款、物资、产成品、固定资产的库存情况。对查出的问题，应根据财务制度和政策规定，提出处理和解决问题的意见。

（四）实行财务公开

村集体经济组织应以便于群众理解和接受的形式，将其财务活动情况及其有关账目，定期如实地向全体村民公布，接受群众监督。村集体经济组织应当设立固定的村务公开栏，并可以通过有线广播、闭路电视、“明白卡”、村民代表会议等其他形式公开。规模较大或者居住分散的村，应当在自然村或者村民小组设立村务公开栏。

第二节　财务公开的主要内容

（一）财务计划

（1）财务收支计划。

（2）固定资产购建计划。

（3）农业基本建设计划。

（4）兴办企业及资源开发投资计划。

（5）收益分配计划。

（二）各项收入

（1）产品销售、租赁和服务收入等集体经营性收入。

（2）发包及上交收入。

（3）投资收入。

（4）“一事一议”筹资及以资代劳款项。

（5）村级组织运转经费财政补助款项。

（6）上级专项补助款项。

（7）征占土地补偿款项。

（8）救济扶贫款项。

（9）社会捐赠款。

（10）资产处置收入。

（11）其他收入。

（三）各项支出

（1）集体经营支出。

（2）村社干部报酬、差旅费、会议费、办公费等管理费支出。

（3）订阅报刊费支出。

（4）误工补贴、劳务等支出。

（5）集体公益福利支出。

(6) 固定资产购建支出。

(7) 征占土地补偿费支出。

(8) 救济扶贫专项支出。

(9) 其他支出。

(四) 资产

(1) 现金及银行存款。

(2) 产品物资。

(3) 固定资产。

(4) 农业资产。

(5) 对外投资。

(6) 其他资产。

(五) 资源

资源包括集体所有的耕地、林地、草地、园地、滩涂、水面、“四荒地”以及集体建设用地等。

(六) 债权债务

(1) 应收单位和个人欠款。

(2) 银行(信用社)贷款。

(3) 欠单位和个人的借款。

(4) 其他债权债务。

(七) 收益分配

(1) 收益总额。

(2) 缴纳税金数额。

(3) 提取公积金数额。

(4) 提取公益金数额。

(5) 提取福利费数额。

(6) 投资分利数额。

(7) 成员分配金额。

(8) 其他分配。

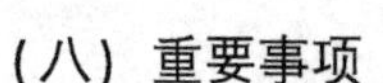

(八) 重要事项

(1) 集体资产运营计划，包括财务收支、固定资产购建、农业基本建设、对外投资计划等。

(2) 集体土地征占补偿及分配方案。

(3) 涉及集体资产资源发包、租赁、出让、投资等的会议纪要（决议)、招投标及协议、合同等。

(4) 集体工程招投标及预决算、审价。

(5) “一事一议”筹资筹劳方案。

(6) 农村集体经济组织审计结论或结果（涉及商业秘密等不宜公开的情形以及审计过程中的档案、材料、票据等除外）以及审计整改和处理情况。

(7) 其他需要公开的重要事项。

第三节　财务公开的程序

财务公开前，应当由社监会对公开内容的真实性、完整性进行审核，提出审查意见。公开资料经村级集体经济组织负责人签字、社监会审核并盖章后公开，其中，财务公开表式统一由乡镇（街道）会计委托代理机构打印提供给村级集体经济组织。

第四节　财务公开的基本方法

(一) 财务公开项目资料的搜集整理方法

财务公开前必须搜集、整理有关财务账目资料，根据资料来源不同应采取不同方法。

1. 财务报表法

直接使用经过审批的财务计划表、科目余额表、收支明细表、资产负债表、收益分配表等财务报表，作为财务公开的基本依据予以公开。

2. 原始资料法

对某一或某些财务事项搜集、整理其原始文件、材料或凭证作为财务公开的基础依据予以公开。

3. 直接调查法

对主要财产物资或重大财务事项进行专门调查清理，查明原由并照实予以公布。

以上方法在实际工作中应当综合运用。

(二) 财务公开的具体公布方法

1. 公开表法

根据已经审核的财务公开资料，填制统一的公开表格（必要时附加说明材料），经村民理财小组及乡（镇）经管站审查批准（加盖公章）后印发到每户村民手中，村民审阅后注明意见或建议（允许放弃），签字（盖章）后交给实施公开的具体负责人。财务公开表的格式可由乡（镇）统一制定。这种形式具有公开面广、内容具体、意见反馈及时明了、便于上级检查等优点，但在具体操作中工作量大、易重复、意见反馈易受人为影响。因此，这种形式在人口较少、"两委"班子成员素质较高的村及乡（镇）采用，或者作为其他形式的一种辅助形式采用。

2. 公开栏法

根据已经审核通过的财务公开资料（或财务公开表）填制固定的财务公开栏目，供群众阅览评议。公开栏的具体样式可由乡（镇）经管站统一设计，可以作为村务公开栏重要组成部分设计，也可单独设计。村委会会同村民理财小组负责公开栏、意见箱或举报电话等公开工具的具体设置。公开栏的设置必须本着方便群众、节约开支的原则，选择群众聚居、易于阅览的位置。运用这种方法尽管需要一定的设施建设和人工费用，但却具有方便阅览、内容简明、意见反馈比较真实、容易形成统一规范等特

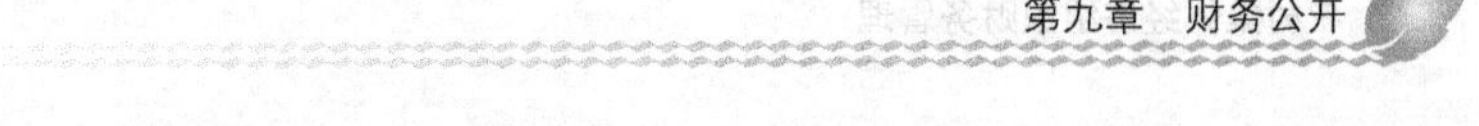

点。因此，公开栏法为多数乡（镇）所接受，成为一种最为普遍的公开方法，有的地方已将其作为一种固定形式统一使用。

3. 面对面法

将需要公开的财务事项，通过召开村民会议、村民代表会议或者个别群众座谈等方式予以公布，并当面接受群众评议。这种形式工作量较大，运用范围与内容相对较窄，但作为一种财务公开的最直接、最生动的方法，对于群众普遍关心的重大财务事项或重要的专项公开内容，不失为一种最佳选择。

4. 查询法

由乡（镇）（主要是“双代管”乡镇）财会人员在村民理财小组的监督下，提供所有需要公开的账目资料，由村民根据需要进行查询，并对提出的问题作出答复。这种形式兼具面对面形式及公开栏形式的双重特点，但组织管理比较复杂，占用时间较长，也不便于群众的广泛参与，所以，只能作为一种辅助形式。但在实行会计电算化的乡镇、村开展这种业务就比较方便，甚至可以作为一种主要形式予以推广。

(三) 财务公开的信息反馈方法

财务公开资料公布于众之后，不能被动地接受有关反馈信息，而应采取有效措施主动地收集、整理有关意见和建议，并作出正确的处理与答复。这就需要一些具体的方法。

1. 意见箱法

由村统一设置意见箱，供群众投递意见书。群众意见书可以署名，也可不署名。意见箱钥匙由村民主理财小组长与一位村委成员共同掌握，不得私自开启、销毁、隐藏所提意见，将意见书(信）集中整理定期存档，不经民主理财小组 2/3 人员同意，不得销毁。

2. 接待日法

安排专人与一般村委负责人、村会计或民主理财小组组长，定期接受群众咨询，作出明确答复，做好意见记录与汇总。

3. 意见表法

即印制统一的征询意见表，并发放到每户村民手中，让群众填写并签字后交村民理财小组及村委主要负责人。对所提出意见作出处理后填写答复意见并由村民理财小组组长及村委主要负责人签字（盖章），返还给所提意见的群众代表，并交乡镇经管站备案。

（四）财务公开的要求

1. 公开的内容要真实、全面

村集体经济组织财务人员在编制财务公开表时，一定要依据客观实际，真实、准确、完整地反映集体的财务活动和财务状况。要做到财务公开的内容客观真实，不弄虚作假，不搞形式主义，要让群众了解和掌握真实的情况；公开的内容要全面，凡是群众普遍关心和涉及群众切身利益的项目和内容都要公开；公开的项目要具体、详细，不能只公布总数。如资产要分类和按项公开，债权债务要列明债权人，或债务人的单位，或个人名称等，以便让群众明白、清楚。村务公开监督小组要依法履行职责，认真审查村务公开的内容是否全面、真实。

2. 公开的时间要及时

村集体经济组织应在年初时公布财务计划；每月或每季度公布 1 次日常财务收支情况；年度终了后 15 日内公布各项财务收支、各种财产、债权债务、收益分配、预决算；现金及银行存款应按出纳账原原本本公开，征地款、应收款、应付款、救灾救济款、上级拨款、干部报酬，其他重要财务事项、专项经济事项、多数群众或民主理财监督机构要求公开的经济事项，应及时进行专题明细公布。一般的村务事项，至少每季度公开 1 次，对涉及农民利益的重大财务事项和农民关心的个别财务问题要随时公开。集体财务往来较多的村，财务收支情况应每月公布 1 次。平

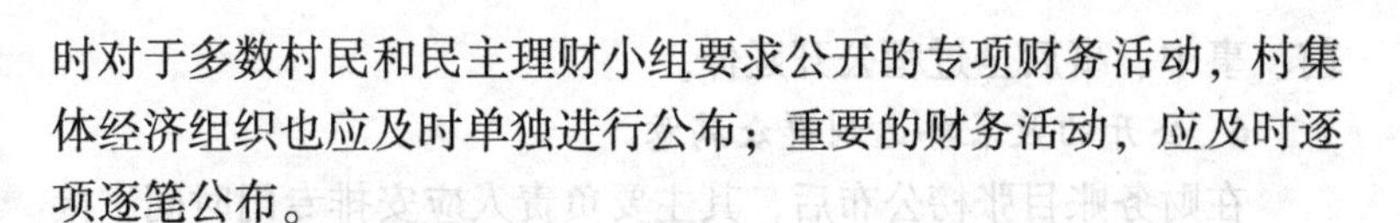

时对于多数村民和民主理财小组要求公开的专项财务活动，村集体经济组织也应及时单独进行公布；重要的财务活动，应及时逐项逐笔公布。

3. 公开的程序要规范

村务公开的基本程序是村民委员会根据本村实际情况，依照法规和政策的有关要求提出公开的具体方案；村务公开小组对方案进行审查、补充、完善后，提交村党组织和村民委员会联席会议讨论确定；村民委员会通过财务公开栏等形式及时公布。

4. 公开的形式要多样性和连续性

要坚持实际、实用、实效的原则，设立固定的财务公开栏，作为财务公开的基本形式，同时，可以通过广播、电视、明白卡等形式进行辅助公开。财务公开应张贴在群众集中聚居地带、主要交通路口等群众方便阅览的地方。财务公开栏的样式由县级农村合作经济经营管理部门统一规定。要设立群众意见箱或意见反馈栏，听取群众意见。根据公开的内容和范围不同可选择适当的形式。对某项公开内容采用的公开形式确定之后，在一定时期内应保持不变，以便于群众熟悉和理解。在有些情况下，一项公开的内容也可同时采用几种公开的形式，以增强公开的力度，便于群众记忆和引起重视。

5. 不断丰富和拓展公开内容

要根据形势的发展变化、农村的实际情况和农民群众的要求，不断丰富和扩展公开的内容，逐步实现农村有关经济事务的全方位公开。要结合农村税费改革，重点公开村范围内“一事一议”筹资酬劳等情况，结合清理涉农收费项目工作，对涉农收费进行公示；结合国家粮食流通体制改革，重点公开粮食直补情况，结合对征用农民集体土地补偿费管理使用情况专项检查，重点公开土地征用补偿及分配情况；结合化解乡村债务，重点公开村级债权债务状况。要推进村务事项从办理结果的公开，向事前、事中、事后全过程公开延伸。

6. 公开的效果要达到群众满意

在财务账目张榜公布后，其主要负责人应安排专门时间，接待群众来访，解答群众提出的问题，听取群众的意见和建议。对群众在财务公开中反映的问题要及时解决；一时难以解决的，要作出解释。不得对提出和反映问题的群众进行压制或打击报复。

村务公开小组要认真审查公开内容是否全面、真实，公开时间是否及时，公开形式是否科学，公开程序是否规范，并及时向村民会议或村民代表会议报告监督情况。对不履行职责的成员，村民会议或村民代表会议有权罢免其资格。

群众对公布内容有疑问的，可以通过口头或书面形式向财务公开监督小组投诉，财务公开小组对群众反映的问题应当及时进行调查，确有内容遗漏或者不真实的，应督促村民委员会重新公布，也可直接向村党组织、村民委员会询问，村民委员会应在10日内予以解释和答复，及时研究和纠正财务管理中存在的问题，提出改进工作的措施，真正做到让群众明白和满意。

第十章　财务分析与评价

第一节　财务分析概述

一、财务分析的意义

财务分析是一定的财务分析主体以其财务报告等财务资料为依据，采用一定的标准，运用科学系统的方法，对其财务状况和经营成果、财务信用和财务风险以及财务总体情况和未来发展趋势所进行的分析与评价。做好村级财务分析工作具有以下重要意义。

1. 财务分析是评价农村集体经济组织经营管理水平的重要依据

通过财务分析，可以有效地达到指导、计划和控制生产经营活动的目的，全面系统地掌握村集体经济组织的财务状况和经营成果，并通过分析将影响财务状况和经营成果的主观因素和客观因素，微观因素和宏观因素区分开来，以划清责任，合理评价经营业绩，并据此奖优罚劣，促使经营者不断改进工作。

2. 财务分析是挖掘潜力，提高管理水平的重要手段

通过财务指标的计算和分析，能了解村集体经济组织的经济效益和资金使用效果及经济效益未来增长趋势，规范农村财务行为，测定管理效率，预测经济效益，不断挖掘扩大财务成果的内部潜力，指导农村集体生产经营及开发，充分认识未被利用的人

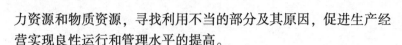

力资源和物质资源，寻找利用不当的部分及其原因，促进生产经营实现良性运行和管理水平的提高。

3. 财务分析是合理实施投资决策的重要步骤

农村集体经济组织在实施投资前，必须借助财务分析和评价，掌握预测投资回报的大小，以决定投资方向和投资数额。

二、财务分析的种类

财务分析可以根据不同的要求、对象和目的，选择不同种类进行分析。

1. 财务分析按其内容不同，可分为全面分析和专题分析

全面分析是针对村集体经济组织的财务活动过程及其经营成果，进行系统、总括的分析，据以评价村集体经济组织的经营能力、偿债能力和收益能力等。全面分析的目的是找出农村集体经济组织在生产经营和管理服务过程中带有普遍性的问题，全面总结在这一时期的成绩与问题，为协调各方面关系，搞好下期生产经营安排奠定基础或提供依据。全面分析通常在年终进行，形成综合、全面的财务分析报告，向村民代表大会汇报。专题分析是针对村集体经济组织的财务状况、经营成果和财务状况的变动情况等某一重大关键问题或某一薄弱环节进行的分析。专题分析能及时、深入地揭示村集体经济组织在某方面的财务状况，为分析者提供详细的资料信息，对解决生产经营中的关键性问题有重要作用。在财务分析中，应将全面分析与专题分析相结合，这样才能全面、深入地揭示存在的问题、正确地评价农村集体经济组织的各方面状况。

2. 财务分析按其时间不同，可分为定期分析和不定期分析

定期分析是在报告期末（月末、季末、半年末和年末）对财务活动及财务成果的变化情况进行全面的分析。不定期分析是指根据上级主管部门或经营管理的需要，临时对财务活动进行的

分析。不定期分析多是针对某一方面进行的专题分析。

3. 财务分析按其时间不同，可分为事前分析和事后分析

事前分析是一种预测分析，目的在于更好地完成计划指标。事后分析的目的主要在于总结经验，为今后改进财务管理工作提供依据。不论选择何种分析方式，为了保证分析结论的正确，都要从实际出发，实事求是地进行分析，要以国家的法律、方针、政策为依据，以财务管理制度为准则，要以农村集体经济组织的财务预算为标准，以实现资本保值增值为目标，实行专业分析和群众评论相结合。通过分析找出差距，分析原因，以便解决存在的问题。

三、财务分析的内容

财务分析的不同主体所处的地位和动机不同，决定了对村集体经济组织进行财务分析时，必然有着共同的要求和不同的侧重点。其内容主要如下。

（1）分析村集体经济组织的经营能力和偿债能力，衡量资金的利用程度，制定筹集资金的策略。

（2）评价村集体经济组织的资产营运能力，分析资产的分布情况和周转使用情况，测算未来资金需要量。

（3）评价村集体经济组织的收益能力，分析收益预算的完成情况和不同年度收益水平的变动情况，预测本年度和下年度的收益水平。

（4）总体上评价村集体经济组织的财务状况和资金实力，揭示财务活动方面的优势和劣势，找出影响财务计划完成的主要因素，为改进理财工作提供依据。

四、财务分析的一般程序

1. 确立分析目标

进行财务分析，首先必须明确为什么要进行财务分析，也就是要明确财务分析的目标或目的。而且不同的财务分析主体，其进行财务分析的内容不同，财务分析的目标也会不同。所以，只有明确了财务分析的目标，才能正确地收集整理信息，选择正确的分析方法，得出正确的结论。

2. 明确分析范围

从财务分析的内容可知，财务分析的范围非常广泛，并不是每一项财务分析都要全面展开。在实际工作中，大多数财务分析只对某一方面展开，或者从某一侧重点进行分析，其他方面的分析仅起参考作用。只有在确定分析目标的基础上，明确分析范围、分析重点，才能使分析更加具有目的性。

3. 收集分析资料

信息资料是财务分析的基础，资料收集整理是否及时、完整，是否准确、真实，对分析的正确性有着直接的影响。所以，应根据分析的目的、范围等采用多种形式来确定所要收集的资料。

4. 确定分析标准

财务分析从其实质上来看，是一个比较的过程。既然要比较，就得有一个比较的标准，所以，财务分析标准就是财务分析过程中据以评价分析对象的基准。农村集体经济组织在进行财务分析时，可以分析的目的选择不同的分析标准。一般来讲，比较常用的分析标准有目标标准、行业标准和历史标准。

5. 选择分析方法

财务分析方法的选择应根据财务分析的目的来决定，财务分析的目的不同，所选择的分析方法也不同。通常的方法有比较分

析法、比率分析法、因素分析法及杜邦分析法等，这些方法各有特点，在进行财务分析时，应根据需要结合使用。

6. 作出分析结论

财务分析的最终目的是为财务决策提供依据。运用一定的分析方法对农村财务状况和经营成果进行分析后，可总结财务管理中的一些经验和教训，发现农村财务管理中存在的问题，寻找问题存在的原因，提出改进意见和措施，改善农村的财务状况，实现最终目标。财务分析结论是通过财务分析报告以书面报告的形式表示出来，为财务分析各受益者提供决策依据。财务分析报告作为对财务分析工作的总结，还可作为历史信息，以供后来的财务分析参考，保证财务分析的连续性，所以，必须予以重视。

第二节　财务分析的方法

一、比较分析法

比较分析法，也称对比分析法，是通过财务指标的对比确定数量差异的一种方法。也就是将报表中的各项数据，与计划（预算）、前期、其他等同类数据进行比较，从数量上确定差异的一种方法。根据分析的目的和要求不同，比较法有以下 3 种形式：

1. 本期实际与计划（预算）数据对比

可以揭示实际与计划（预算）之间的差异，说明计划（预算）的完成情况，经进一步分析，查找原因提供方向。其计算公式为：

$$实际比预算增长率=\frac{实际数-预算数}{预算数}\times100\%$$

2. 本期实际指标与前期指标或历史最高水平对比

可以确定前后不同时期有关指标的变动情况，了解生产经营活动的发展趋势和管理工作的改进情况。其计算公式为：

$$本年比上年同期增长率=\frac{本年实际数-上年实际数}{上年实际数}\times100\%$$

3. 本单位指标与其他单位特别是先进单位指标对比

可以找出与先进单位之间的差异，以互相学习，取长补短，改进工作。其计算公式为：

比先进单位增减百分点=本单位实际指标-先进单位指标

应用比较分析法对同一性质指标进行数量比较时，要注意所利用指标的可比性。比较双方的指标的内容、时间、计算方法、计价标准时口径应当一致，才能比较。如果2项指标对比时，在某一方面不同，就应先进行调整，然后再进行比较。

二、比率分析法

比率分析法是指通过两个相互联系指标的对比，确定比率，分析财务状况和经营水平的一种方法。比率分析主要有以下3种方法。

1. 构成比率分析

构成比率又称结构比率，它是某项经济指标的各个组成部分与总体的比率，反映部分与总体的关系。其计算公式为：

$$构成比率=\frac{某个组成部分数额}{总体数额}$$

某个组成部分数额与总体数额利用构成比率，可以考察总体中某个部分的形成和安排是否合理，以便协调各项财务活动。如自有资本对总资本的比率，流动资产对总资产的比率等。

2. 效益比率分析

效益比率是某项经济活动中所费与所得的比率，反映投入与产出的关系。利用效益比率指标，可以进行得失比较，考察经营成果，评价经济效益。如费用与营业收入的比率、成本费用与利

润的比率、资金占用额与利润的比率等，可以从不同角度观察农村集体经济组织获利能力的高低及其增减变化情况。

3. 相关比率分析

相关比率是以某个项目和与其有关但又不同的项目加以对比所得的比率，反映有关经济活动的相互联系。采用这种方法，可以考察有联系的相关业务安排是否合理，说明农村集体经济组织一定范围内财务状况的好坏或变动的原因等，以保障生产经营活动的顺畅运行。如将流动资产与流动负债加以对比，计算出流动比率，以判断农村集体经济组织的短期偿债能力。

(1) 在实务中，相关比率一般按比率反映的内容进行分类，主要有以下几点。

①反映变现能力的财务比率：如流动比率、速动比率等。

②反映偿债能力的财务比率：如资产负债率、产权比率、已获利息倍数等。

③反映盈利能力的财务比率：如营业净利率、资产净利率、净资产收益率、总资产报酬率等。

④反映资产营运与管理效率的财务比率：如营运周期、存货周转率、应收款周转率、流动资产周转率、总资产周转率等。

(2) 采用比率分析法时，对比率指标的使用应该注意以下几点。

①对比项目的相关性：计算比率的子项和母项必须具有相关性，把不相关的项目进行对比是没有意义的。在构成比率指标中，部分指标必须是总体指标这个大系统中的一个小系统；在效益比率指标中，投入与产出必须有因果关系；在相关比率指标中，2 个对比指标也要有内在联系，才能评价有关经济活动之间是否协调均衡，安排是否合理。

②口径的一致性：计算比率的子项和母项必须在计算时间、范围等方面保持口径一致。

三、趋势分析法

趋势分析法又称水平分析法，是将两期或连续数期财务报告中相同指标进行对比，确定其增减变动的方向、数额和幅度，以说明农村集体经济组织财务状况和经营成果的变动趋势的一种方法。采用这种方法，可以分析引起变化的主要原因、变动的性质，并预测其发展前景。趋势分析法通常采用比较会计报表的方法。编制比较会计报表进行比较时，应强调分析关键性的数据，找出财务状况变动的主要原因，判别变化的趋势是否对农村集体经济组织有利，并根据以往所发生的事实，推断农村集体经济组织今后的发展前景。比较时，可以按绝对数进行比较，也可按相对数进行比较。

1. 按绝对数比较财务报表

绝对数比较财务报表是将连续数期的财务报表的金额并列起来，比较其相同指标的增减变动金额和幅度，据以判断村集体经济组织财务状况和经营成果发展变化的一种方法。这种方法可适用于对连续几年的资产负债表、收益分配表等的分析比较。比较时，既要计算出表中有关项目增减变动的绝对额，又要计算出其增减变动的百分比。

2. 按相对数比较财务报表

相对数比较财务报表是在财务报表比较的基础上发展而来的。它既可用于村集体经济组织连续几期财务状况的相同项目进行的横向比较，又可以财务报表中的某个总体指标作100%，再计算出其各组成项目占该总体指标的百分比，从而进行各个项目百分比的增减变动的纵向比较。横向比较侧重于财务报表各项目的趋势分析，因此能够较容易地确认那些出现较大差异，并需要进一步加以重视的地方。具体步骤是，首先选择一个基期，将基期会计报表上的各项数据的指数定为100，其他年度会计报表上

的各个项目，也均用指数表示，指数的算法是将该年该项的金额，除以基年该项的金额，这样就得到一系列以指数表示的分析表。其中，基数的确定，可以选择某一年为基期，其他各年相同项目与其相比；也可以上年为基期，以后各年相同项目与上年数相比。前者为定基趋势百分比，又称定基发展速度，主要揭示经济事项变化规律和发展趋势；后者为环比趋势百分比，又称环比发展速度，主要了解该经济事项的连续变化趋势。计算公式为：

定基趋势百分比＝本期金额/某确定基期金额×100%

环比趋势百分比＝本期金额/上期金额×100%

【例 10-1】某村集体经济组织 2013—2017 年总收入、总支出、本年收益及发展速度，如下表所示（以 2013 年为基年）。

表　某村集体经济组织收益比较　　（单位：%）

项目	2013 年	2014 年	2015 年	2016 年	2017 年
一、总收入	100	115	117	122	130
1. 经营收入	100	114	117	120	129
2. 发包及上交收入	100	105	125	117.5	120
3. 其他收入	100	120	130	135	150
4. 投资收益	100	110	120	140	160
二、总支出	100	116	124	131	143
1. 经营支出	100	110	122	128	140
2. 管理费用	100	125	130	140	150
3. 其他支出	100	140	120	130	140
三、本年收益	100	105	107	120	127

由上表可以看出，该村集体经济组织的总收入、总支出、各年收益基本呈逐年增长趋势，其中，总支出增长的速度快于总收入的增长速度，使得本年收益增幅小于总收入的增幅。

纵向比较即将某一关键项目金额当做 100%，而将其余项目的金额与关键项目的比，求出百分比。例如，在资产负债表中可将资产总额作为关键项目，计算出各项资产、负债、所有者权益发展的趋势。在用趋势分析法时，必须注意以下几个问题。

(1) 用于进行对比的各个时期的指标，在计算口径上必须一致。

(2) 要剔除偶然因素的影响，使作为分析的数据能反映正常的经营状况。同时，还要特别注意一些重大经济事项和环境因素对不同期的财务指标造成的影响。

(3) 应对某项有显著变动的指标作重点分析，研究其产生的原因，以便采取对策，趋利避害。

四、因素分析法

因素分析法，又称因素替换法、连环替代法，就是通过连环替代的方法，来确定构成各个数量指标和质量指标中的各个因素对总指标的影响程度。采用这种方法的出发点在于，当有若干因素对分析对象发生影响作用时，假定其他各个因素都无变化，顺序确定每一个因素单独变化所产生的影响。这种分析方法，常用于分析费用、成本、收入等变化原因，但这种分析只是一种初步分析，要进一步查明原因，还必须通过实地调查研究。

第三节　基本财务比率分析

财务比率是将农村经济组织同一时期的财务报表中的相关项目进行对比得出的比率。例如，在某村办企业 2017 年财务报表中，选择资产负债表的总资产项目与利润表中的净利润项目进行比较，得到财务比率——资产报酬率，即资产报酬率=101/9 637=1.05%。该比率告诉投资者和企业管理人员，2015 年该企业资产投入每 100 元获利大约 1 元，该企业当年的资产报

酬率实在不尽如人意。

财务报表分析人员可以根据自己的需要构建许多财务比率。运用这些比率可以用来分析企业的盈利能力、流动性、资产使用效率、债务偿还能力。

一、盈利能力比率分析

盈利能力是指企业通过资产运作赚取利润的能力。无论是企业股东、企业的债权人，还是企业的管理人员、企业员工都日益重视和关心企业的盈利能力。盈利能力比率反映企业在一定时期内的经营成果，利用该类比率可以评价企业管理层的工作业绩水平。盈利是企业经营的重要经营目标，是企业生存和发展的物质基础。企业盈利能力的高低会影响到企业的流动性和企业成长。债权人和投资者都比较关注该类比率。企业各年的盈利水平可能会受到各种非正常的因素影响，所以，企业盈利能力比率分析一般计算企业正常的经营活动的盈利能力。

评价企业盈利能力的比率主要有销售利润率、资产报酬率、权益报酬率、现金销售报酬率、每股盈利等。

(一) 销售利润率

销售利润率是企业净利润与销售收入的比率，其计算公式为：

$$销售利润率=\frac{净利润}{销售收入}\times 100\%$$

销售利润率反映企业净利润占销售收入的比例，它可以用来评价企业通过主营业务销售行为赚取利润的能力。该比率越高，企业通过扩大销售获得收益的能力越强。

评价企业的销售利润率，应比较企业过去的历史数据，从而判断企业销售利润率的变化趋势。同时，由于销售利润率受行业特点影响很大，在分析本企业的销售利润率时还需要将本企业的数据与同行业的平均数据，特别是竞争对手的数据进行比较是非常重要的。

（二）资产报酬率

资产报酬率是企业的净利润与资产总额的比率。其计算公式为：

$$资产报酬率=\frac{净利润}{资产总额}\times 100\%$$

在该公式中，净利润是时期金额，而资产总额是时点金额，它可用一年的期末数字，也可以用期初和期末的平均数。

资产报酬率主要衡量企业利用资产获取利润的能力，反映企业资产的利用效率。该比率越高，说明企业的资产获利能力越强。

资产报酬率是一个综合性很强的财务比率，它能全面反映企业利用资产获利的效率。但是，根据众多研究发现，因为技术含量、资本需求量的不同，不同行业的资产报酬率有很大的差别。一般而言，高技术产业的资产报酬率普遍比一般产业要高。资本密集性的企业比劳动密集型的企业的资产报酬率要高。同一企业在不同时期由于竞争的存在资产报酬率也会发生变动，因此，在用资产报酬率评价企业的盈利水平和管理层的工作业绩时，参考该公司的竞争对手的资产报酬率和同行业的资产报酬率是十分必要的。如果企业的资产报酬率在行业内偏低，说明该企业资产利用效率不高，经营管理存在问题，应该积极调整经营战略，加强日常经营管理，挖掘潜力，提高资产的利用效率。

（三）权益报酬率

权益报酬率，又称净资产报酬率，是企业一定时期的净利润与权益总额的比率。其计算公式为：

$$权益报酬率=\frac{净利润}{权益总额}\times 100\%$$

同资产报酬率计算公式一样，权益总额可以用公司期末的数字，也可以用一年的期初和期末的权益总额的平均数。

权益报酬率是评价企业利用所有者资金获取利润的能力，它反映了企业投资者获取投资报酬的高低。该比率越高，说明投资者获得的报酬水平越高。企业的投资者或股东最关心该财务指标。

（四）每股盈利

每股盈利是股份公司利润分析的一个重要财务比率，主要是对普通股而言的。其计算公式为：

$$每股盈利=\frac{净利润-优先股利}{流通在外的普通股股数}$$

每股盈利越高，股份公司的获利能力越强，投资者获得的报酬越高。每股盈利可以直观地反映公司的获利能力和投资者的报酬。该财务比率的运用应同其他盈利比率共同使用。当公司增加发行普通股股票筹资时，则该公司的每股盈利有可能下降。每股盈利的下降对股票市场来说可是一个负面的信息，最终可能会导致该公司股票的市场价格下滑。因此，公司的管理层在作出筹资决策时，应谨慎考虑是否采用权益方式增加所需要的资金。

（五）每股净资产

每股净资产，也称为每股账面价值，是股东权益总额除以发行在外的普通股数量。其计算公式为：

$$每股净资产=\frac{权益总额}{发行在外的普通股股数}$$

在股票市场上，一个公司的每股净资产同该公司股票的市场价格之间几乎没有直接的联系。投资者通过计算公司几年的每股净资产的变化，可以了解公司的发展变化和获利能力的趋势。

（六）市盈率

市盈率是普通股每股市场价格与每股盈利的比率。其计算公式式为：

$$\text{市盈率}=\frac{\text{每股市价}}{\text{每股盈利}}$$

市盈率是反映企业获利能力的一个重要财务比率。理论上说，该比率确定投资者根据公司目前的盈利状态需要多少年时间才能收回自己的投资额。因此，若市盈率过高，则意味该股票具有较高的投资风险。该比率低，说明该股票投资风险低。但是，从另一方面看，一个公司的市盈率高，又反映投资者对该公司的前景看好，投资者才愿意出高价购买该公司股票。从股票市场上看，一般高科技公司的股票市盈率相对较高。

二、资产使用效率比率分析

资产使用效率比率反映企业资金周转状况，通过这些财务比率可以了解企业的经营状况和经营管理水平。企业的资金周转状况同企业的采购、生产、销售等各个环节紧密相关。资金只有顺利通过每一个环节，才能以最快和最短的时间完成一次资金循环。资金周转状况良好，说明企业的经营管理水平高，企业资金利用效率好。

评价企业资产使用效率的财务比率有存货周转率、应收款周转率、固定资产周转率、总资产周转率等。

（一）存货周转率

存货周转率是企业一定时期的销售产品成本与存货的比率。其计算公式为：

$$\text{存货周转率}=\frac{\text{销售产品成本}}{\text{存货}}$$

公式中的销售产品成本一般就是利润表中的营业成本项目，存货可以是期末金额，也可以用期初和期末的平均数。

存货周转率表明一定时期内企业存货周转的次数，反映企业

存货变现的速度，衡量企业的销售能力及存货是否过量。在正常情况下，存货周转率高，企业的销售能力强，企业资金占用在存货上的金额越少。存货周转率低，通常是存货管理不力，销售状况不甚理想，造成存货积压。但是，存货周转率过高，也可能说明企业管理方面存在一定的问题。如存货水平太低，每次采购批量很小等。

（二）应收款周转率

应收款周转率是企业一定时期赊销收入与应收账款的比率。其计算公式为：

$$应收款周转率=\frac{赊销收入}{应收账款}$$

公式中的应收账款金额可以是期末金额，也可以用期初与期末的平均数。在激烈的市场竞争下，企业为了增加销售，增加盈利能力，大量采用信用销售，应收款也就成为企业的一项重要资产。应收款周转率高，说明企业催收赊账的速度快，增强资产的流动性，提高资金的使用效率。应收款周转率的高低可以在一定程度上反映企业管理水平的高低。该比率高，说明企业催收应收账款的速度快，大大提高资产的流动性，减少坏账损失。但是，如果该比率过高，可能是企业奉行严格的信用政策、信用标准和付款条件过于苛刻所造成的。若是这样，则可能会限制企业的销售能力，影响企业的盈利水平。

在实际中还可以应收账款回收期来反映应收账款周转的效率。其计算公式为：

$$应收款回收期=\frac{360}{应收款周转率}$$

该比率表示应收账款周转 1 次平均所需要的天数。回收期越短，说明应收账款周转速度越快。

(三) 固定资产周转率

固定资产周转率是企业销售收入与固定资产的比率。其计算公式为：

$$固定资产周转率=\frac{销售收入}{固定资产}$$

公式中的固定资产可以是期末金额，也可以是期初与期末的平均数。

该比率高说明企业的厂房、机器设备等固定资产的利用效率好，企业管理的水平高。

(四) 总资产周转率

总资产周转率是企业销售收入与资产总额的比率。其计算公式为：

$$总资产周转率=\frac{销售收入}{资产总额}$$

总资产周转率衡量企业全部资产的使用效率，该比率高，企业的资产使用效率好，企业的资产报酬率将会越高。

(五) 流动资产周转率

流动资产周转率是反映企业流动资产的使用效率，是企业销售收入与流动资产的比率。其计算公式为：

$$流动资产周转率=\frac{销售收入}{流动资产}$$

流动资产周转率是分析流动资产周转的一个综合性指标，流动资产周转率高，可以节约流动资金，提高资金的使用效率。

三、流动性比率分析

流动性比率是反映企业资产的流动性及偿还短期债务能力的财务比率。短期债务偿还能力是反映企业财务状况的重要指标。短期债务一般都要在 1 年内偿付，如果企业不能及时偿还，就可

能使企业面临倒闭的风险。在资产负债表中，流动负债与流动资产形成一种对应关系，一般情况下企业会用流动资产清偿流动负债。评价企业流动性的主要财务比率有流动比率、速动比率和现金流动负债比率等。

（一）流动比率

流动比率是企业的流动资产与流动负债的比率。其计算公式为：

$$流动比率=\frac{流动资产}{流动负债}$$

流动比率高说明企业偿还短期债务的能力越强。但是过高的流动比率并非好现象，因为过度的资金积压在流动资产上可能影响企业整体资产的报酬率。根据传统的经验观点，企业的流动比率在2的水平比较合理。但是，在实际流动比率分析时，分析人员要考虑多种因素，例如，行业的流动比率平均水平、企业流动资产的实际变现能力以及企业同银行等金融机构的银企关系等。

（二）速动比率

在流动资产中，一般而言存货的变现能力较弱。在西方国家实践中，将流动资产在扣除存货的部分称为速动资产。速动比率就是速动资产与流动负债的比率。其计算公式为：

$$速动比率=\frac{流动资产-存货}{流动负债}$$

该比率比流动比率更进一步反映企业偿还短期债务能力。根据西方国家的实践经验，速动比率为1较为合理。但是在我国实践中，应收账款的流动性也存在一定障碍。在计算速动比率时可以在速动资产中再扣除应收账款中超过1年以上没有付款的部分，然后计算出的速动比率比较真实客观反映企业偿还短期债务能力。

(三) 现金流动负债比率

现金流动负债比率是企业来自经营活动产生的现金净流量与流动负债的比率。其计算公式为：

$$现金流动负债比率=\frac{经营活动产生的现金净流量}{流动负债}$$

该比率反映企业一定时期内通过经营活动产生的现金流量抵付流动负债的能力。现金流动负债比率可以反映企业的直接支付能力，因为现金是企业偿还债务的最终手段，如果企业现金匮乏，就可能出现支付危机。因此，现金流动负债比率高，说明企业有较好的现金支付能力，对偿还短期债务有保障。但是，若该比率过高，可能意味着企业拥有过度的现金，而现金是资产中获利能力最弱的一项资产，企业的资产未能得到有效的使用。

第四节 财务综合分析

一、财务综合分析的意义

财务综合分析就是将偿债能力、运营能力和获取收益能力等诸多指标的分析纳入一个有机的整体中，选用适当的标准，系统、全面地进行相互关联的综合分析，以全面评价农村集体经济组织的财务状况和经营成果。财务综合分析与前述的单项分析不同。财务综合分析要求指标体系齐全适当，要考虑能够涵盖村集体经济组织的偿债能力、资产营运能力和获取收益能力等诸方面总体分析的要求，强调各种指标的主次之分，从不同侧面与不同层次反映村集体经济组织的经营状况和财务成果，达到信息的有机统一，满足各方面的信息需求。所以，通过财务综合分析，不仅能够提高财务分析的质量，而且将相互关联的各项财务指标联系在一起，进行剖析，能够对村集体经济组织经济效益的优劣作

出准确的评价与判断。财务综合分析的方法很多，最主要的方法有杜邦分析法和沃尔评分法。这里主要介绍杜邦分析法。

二、杜邦分析

杜邦分析是美国杜邦公司最早用来分析如何取得更高的资产报酬率。杜邦公司的财务分析人员将资产报酬率指标分解成 2 个相关的财务指标。

$$资产报酬率=\frac{净利润}{资产总额}=\frac{净利润}{销售收入}\times\frac{销售收入}{资产总额}$$
$$=销售利润率\times资产周转率$$

从上述公式可以知道，农村经济组织要提高资产报酬率，基本上有 2 个途径，一是提高销售利润率；二是加快资产周转速度。提高销售利润率则意味着要做好成本控制，扩大销售。而改善资产周转率则要充分高效地利用各项资产。

从公司的股东角度看，投资者不仅关心公司资产报酬率，而且更关心权益报酬率。杜邦公司的财务人员进一步将资产报酬率同权益报酬率挂钩，得到如下公式：

$$权益报酬率=\frac{净利润}{权益总额}=\frac{净利润}{资产总额}\times\frac{资产总额}{权益总额}$$
$$=资产报酬率\times权益乘数$$

权益乘数反映公司对债务资金利用的程度，权益乘数越高，企业利用的债务越高。

企业财务报表的杜邦系统分析从杜邦公式开始，再将净利润、总资产进行层层分解，希望全面系统地揭示影响股东权益报酬率、资产报酬率的真正原因。下图为某村办企业的杜邦分析系统。

杜邦分析方法是一种分解财务比率的方法，而不是另外建立新的财务指标。杜邦分析通过层层分解，将影响股东权益报酬率的因素一一寻找出来，以便分析问题，找出解决问题的方案。杜邦分析关键不在于财务比率的计算而在于对财务比率的理解和运用。特别重要的是，杜邦分析能将财务分析同企业的经营战略联系起来，使企业管理者看待财务问题时有更远大的目光。

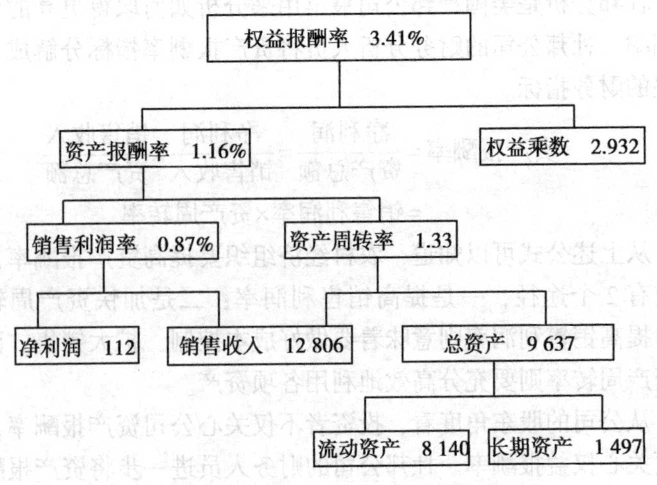

图 某村办企业 2017 年的杜邦系统分析图

第五节 财务分析报告的编写要求

一、财务分析报告的基本内容

财务分析报告，是指在运用各种经济和财务分析方法对村集体经济组织经济活动和财务成果进行分析的基础上作出的综合性书面材料。财务分析报告没有统一、固定的格式，但其基本内容有以下几个方面。

1. 总括说明

简要说明本单位的财务总体情况及相关基本情况。

2. 补充披露

一是财务报表中未能涉及的重要事项；二是财务报表中已经涉及，变化情况已经列示，但事项重要，需要详细披露；三是会计核算方法的改变。

3. 重要提示

将本期与前期财务指标进行比较，对其中不良趋势在财务分析报告中加以说明。

4. 成绩与问题

以会计账簿、会计报表及其他有关会计资料为依据，结合计划、统计等资料，通过财务分析，对村集体经济组织的经营目标、经营过程、经营成果及人、财、物的使用效率进行详尽的分析，总结成绩，找出问题。

5. 改进意见或建议

根据取得的成绩和存在的问题，进一步挖掘内部潜力，寻找提高经济效益的途径，提出科学的预测和建议，制定出完成任务的具体措施。

二、财务分析报告的基本格式

1. 标题

列示单位名称、时间、分析对象。

2. 正文

主要包括主送单位、导语、主体、结尾等。

主送单位（或单位领导人）：写在标题下一行的顶格处。

导语：主要概述分析对象的基本情况，用数据和指标进行概括说明，为下文的分析打好基础。

主体：针对补充披露、重要提示、问题揭示三部分内容，通过数字、事实，联系财务活动中的实际情况，进行综合、归纳、论理，从复杂的诸因素中，分析出本质的、关键的原因。

结尾：对存在问题提出针对性的、切实可行的建议。

附表：指附在财务分析报告之后的会计分析表等。

落款：在正文的右下方注明单位名称和写作日期。财务分析报告在文字上要做到：中心内容突出，语言精练，表达准确，层次分明。

附录一　复利终值系数

复利终值系数表

期数	1%	2%	3%	4%	5%	6%	7%	8%	9%	10%
1	1. 0100	1. 0200	1. 0300	1. 0400	1. 0500	1. 0600	1. 0700	1. 0800	1. 0900	1. 1000
2	1. 0201	1. 0404	1. 0609	1. 0816	1. 1025	1. 1236	1. 1449	1. 1664	1. 1881	1. 2100
3	1. 0303	1. 0612	1. 0927	1. 1249	1. 1576	1. 1910	1. 2250	1. 2597	1. 2950	1. 3310
4	1. 0406	1. 0824	1. 1255	1. 1699	1. 2155	1. 2625	1. 3108	1. 3605	1. 4116	1. 4641
5	1. 0510	1. 1041	1. 1593	1. 2167	1. 2763	1. 3382	1. 4026	1. 4693	1. 5386	1. 6105
6	1. 0615	1. 1262	1. 1941	1. 2653	1. 3401	1. 4185	1. 5007	1. 5869	1. 6771	1. 7716
7	1. 0721	1. 1487	1. 2299	1. 3159	1. 4071	1. 5036	1. 6058	1. 7138	1. 8280	1. 9487
8	1. 0829	1. 1717	1. 2668	1. 3686	1. 4775	1. 5938	1. 7182	1. 8509	1. 9926	2. 1436
9	1. 0937	1. 1951	1. 3048	1. 4233	1. 5513	1. 6895	1. 8385	1. 9990	2. 1719	2. 3579
10	1. 1046	1. 2190	1. 3439	1. 4802	1. 6289	1. 7908	1. 9672	2. 1589	2. 3674	2. 5937
11	1. 1157	1. 2434	1. 3842	1. 5395	1. 7103	1. 8983	2. 1049	2. 3316	2. 5804	2. 8531
12	1. 1268	1. 2682	1. 4258	1. 6010	1. 7959	2. 0122	2. 2522	2. 5182	2. 8127	3. 1384
13	1. 1381	1. 2936	1. 4685	1. 6651	1. 8856	2. 1329	2. 4098	2. 7196	3. 0658	3. 4523
14	1. 1495	1. 3195	1. 5126	1. 7317	1. 9799	2. 2609	2. 5785	2. 9372	3. 3417	3. 7975
15	1. 1610	1. 3459	1. 5580	1. 8009	2. 0789	2. 3966	2. 7590	3. 1722	3. 6425	4. 1772
16	1. 1726	1. 3728	1. 6047	1. 8730	2. 1829	2. 5404	2. 9522	3. 4259	3. 9703	4. 5950
17	1. 1843	1. 4002	1. 6528	1. 9479	2. 2920	2. 6928	3. 1588	3. 7000	4. 3276	5. 0545
18	1. 1961	1. 4282	1. 7024	2. 0258	2. 4066	2. 8543	3. 3799	3. 9960	4. 7171	5. 5599
19	1. 2081	1. 4568	1. 7535	2. 1068	2. 5270	3. 0256	3. 6165	4. 3157	5. 1417	6. 1159
20	1. 2202	1. 4859	1. 8061	2. 1911	2. 6533	3. 2071	3. 8697	4. 6610	5. 6044	6. 7275
21	1. 2324	1. 5157	1. 8603	2. 2788	2. 7860	3. 3996	4. 1406	5. 0338	6. 1088	7. 4002
22	1. 2447	1. 5460	1. 9161	2. 3699	2. 9253	3. 6035	4. 4304	5. 4365	6. 6586	8. 1403
23	1. 2572	1. 5769	1. 9736	2. 4647	3. 0715	3. 8197	4. 7405	5. 8715	7. 2579	8. 9543
24	1. 2697	1. 6084	2. 0328	2. 5633	3. 2251	4. 0489	5. 0724	6. 3412	7. 9111	9. 8497
25	1. 2824	1. 6406	2. 0938	2. 6658	3. 3864	4. 2919	5. 4274	6. 8485	8. 6231	10. 835
26	1. 2953	1. 6734	2. 1566	2. 7725	3. 5557	4. 5494	5. 8074	7. 3964	9. 3992	11. 918
27	1. 3082	1. 7069	2. 2213	2. 8834	3. 7335	4. 8223	6. 2139	7. 9881	10. 245	13. 110
28	1. 3213	1. 7410	2. 2879	2. 9987	3. 9201	5. 1117	6. 6488	8. 6271	11. 167	14. 421
29	1. 3345	1. 7758	2. 3566	3. 1187	4. 1161	5. 4184	7. 1143	9. 3173	12. 172	15. 863
30	1. 3478	1. 8114	2. 4273	3. 2434	4. 3219	5. 7435	7. 6123	10. 063	13. 268	17. 449
40	1. 4889	2. 2080	3. 2620	4. 8010	7. 0400	10. 286	14. 975	21. 725	31. 409	45. 259
50	1. 6446	2. 6916	4. 3839	7. 1067	11. 467	18. 420	29. 457	46. 902	74. 358	117. 39
60	1. 8167	3. 2810	5. 8916	10. 520	18. 679	32. 988	57. 946	101. 26	176. 03	304. 48

（续表）

期数	12%	14%	15%	16%	18%	20%	24%	28%	32%	36%
1	1.1200	1.1400	1.1500	1.1600	1.1800	1.2000	1.2400	1.2800	1.3200	1.3600
2	1.2544	1.2996	1.3225	1.3456	1.3924	1.4400	1.5376	1.6384	1.7424	1.8496
3	1.4049	1.4815	1.5209	1.5609	1.6430	1.7280	1.9066	2.0972	2.3000	2.5155
4	1.5735	1.6890	1.7490	1.8106	1.9388	2.0736	2.3642	2.6844	3.0360	3.4210
5	1.7623	1.9254	2.0114	2.1003	2.2878	2.4883	2.9316	3.4360	4.0075	4.6526
6	1.9738	2.1950	2.3131	2.4364	2.6996	2.9860	3.6352	4.3980	5.2899	6.3275
7	2.2107	2.5023	2.6600	2.8262	3.1855	3.5832	4.5077	5.6295	6.9826	8.6054
8	2.4760	2.8526	3.0590	3.2784	3.7589	4.2998	5.5895	7.2058	9.2170	11.703
9	2.7731	3.2519	3.5179	3.8030	4.4355	5.1598	6.9310	9.2234	12.167	15.917
10	3.1058	3.7072	4.0456	4.4114	5.2338	6.1917	8.5944	11.806	16.060	21.647
11	3.4785	4.2262	4.6524	5.1173	6.1759	7.4301	10.657	15.112	21.199	29.439
12	3.8960	4.8179	5.3503	5.9360	7.2876	8.9161	13.215	19.343	27.983	40.038
13	4.3635	5.4924	6.1528	6.8858	8.5994	10.699	16.386	24.759	36.937	54.451
14	4.8871	6.2613	7.0757	7.9875	10.147	12.839	20.319	31.691	48.757	74.053
15	5.4736	7.1379	8.1371	9.2655	11.974	15.407	25.196	40.565	64.359	100.71
16	6.1304	8.1372	9.3576	10.748	14.129	18.488	31.243	51.923	84.954	136.97
17	6.8660	9.2765	10.761	12.468	16.672	22.186	38.741	66.461	112.14	186.28
18	7.6900	10.575	12.376	14.463	19.673	26.623	48.039	85.071	148.02	253.34
19	8.6128	12.056	14.232	16.777	23.214	31.948	59.568	108.89	195.39	344.54
20	9.6463	13.744	16.367	19.461	27.393	38.338	73.864	139.38	257.92	468.57
21	10.804	15.668	18.822	22.575	32.324	46.005	91.592	178.41	340.45	637.26
22	12.100	17.861	21.645	26.186	38.142	55.206	113.57	228.36	449.39	866.67
23	13.552	20.362	24.892	30.376	45.008	66.247	140.83	292.30	593.20	1 178.7
24	15.179	23.212	28.625	35.236	53.109	79.497	174.63	374.14	783.02	1 603.0
25	17.000	26.462	32.919	40.874	62.669	95.396	216.54	478.90	1 033.6	2 180.1
26	19.040	30.167	37.857	47.414	73.949	114.48	268.51	613.00	1 364.3	2 964.9
27	21.325	34.390	43.535	55.000	87.260	137.37	332.96	784.64	1 800.9	4 032.3
28	23.884	39.205	50.066	63.800	102.97	164.84	412.86	1 004.3	2 377.2	5 483.9
29	26.750	44.693	57.576	74.009	121.50	197.81	511.95	1 285.6	3 137.9	7 458.1
30	29.960	50.950	66.212	85.850	143.37	237.38	634.82	1 645.5	4 142.1	10 143
40	93.051	188.88	267.86	378.72	750.38	1 469.8	5 455.9	19 427	66 521	*
50	289.00	700.23	1 083.7	1 670.7	3 927.4	9 100.4	46 890	*	*	*
60	897.60	2 595.9	4 384.0	7 370.2	20 555	56 348	*	*	*	*

注：* >99 999

附录二 复利现值系数

复利现值系数表

期数	1%	2%	3%	4%	5%	6%	7%	8%	9%	10%
1	0.9901	0.9804	0.9709	0.9615	0.9524	0.9434	0.9346	0.9259	0.9174	0.9091
2	0.9803	0.9612	0.9426	0.9246	0.9070	0.8900	0.8734	0.8573	0.8417	0.8264
3	0.9706	0.9423	0.9151	0.8890	0.8638	0.8396	0.8163	0.7938	0.7722	0.7513
4	0.9610	0.9238	0.8885	0.8548	0.8227	0.7921	0.7629	0.7350	0.7084	0.6830
5	0.9515	0.9057	0.8626	0.8219	0.7835	0.7473	0.7130	0.6806	0.6499	0.6209
6	0.9420	0.8880	0.8375	0.7903	0.7462	0.7050	0.6663	0.6302	0.5963	0.5645
7	0.9327	0.8706	0.8131	0.7599	0.7107	0.6651	0.6227	0.5835	0.5470	0.5132
8	0.9235	0.8535	0.7894	0.7307	0.6768	0.6274	0.5820	0.5403	0.5019	0.4665
9	0.9143	0.8368	0.7664	0.7026	0.6446	0.5919	0.5439	0.5002	0.4604	0.4241
10	0.9053	0.8203	0.7441	0.6756	0.6139	0.5584	0.5083	0.4632	0.4224	0.3855
11	0.8963	0.8043	0.7224	0.6496	0.5847	0.5268	0.4751	0.4289	0.3875	0.3505
12	0.8874	0.7885	0.7014	0.6246	0.5568	0.4970	0.4440	0.3971	0.3555	0.3186
13	0.8787	0.7730	0.6810	0.6006	0.5303	0.4688	0.4150	0.3677	0.3262	0.2897
14	0.8700	0.7579	0.6611	0.5775	0.5051	0.4423	0.3878	0.3405	0.2992	0.2633
15	0.8613	0.7430	0.6419	0.5553	0.4810	0.4173	0.3624	0.3152	0.2745	0.2394
16	0.8528	0.7284	0.6232	0.5339	0.4581	0.3936	0.3387	0.2919	0.2519	0.2176
17	0.8444	0.7142	0.6050	0.5134	0.4363	0.3714	0.3166	0.2703	0.2311	0.1978
18	0.8360	0.7002	0.5874	0.4936	0.4155	0.3503	0.2959	0.2502	0.2120	0.1799
19	0.8277	0.6864	0.5703	0.4746	0.3957	0.3305	0.2765	0.2317	0.1945	0.1635
20	0.8195	0.6730	0.5537	0.4564	0.3769	0.3118	0.2584	0.2145	0.1784	0.1486
21	0.8114	0.6598	0.5375	0.4388	0.3589	0.2942	0.2415	0.1987	0.1637	0.1351
22	0.8034	0.6468	0.5219	0.4220	0.3418	0.2775	0.2257	0.1839	0.1502	0.1228
23	0.7954	0.6342	0.5067	0.4057	0.3256	0.2618	0.2109	0.1703	0.1378	0.1117
24	0.7876	0.6217	0.4919	0.3901	0.3101	0.2470	0.1971	0.1577	0.1264	0.1015
25	0.7798	0.6095	0.4776	0.3751	0.2953	0.2330	0.1842	0.1460	0.1160	0.0923
26	0.7720	0.5976	0.4637	0.3607	0.2812	0.2198	0.1722	0.1352	0.1064	0.0839
27	0.7644	0.5859	0.4502	0.3468	0.2678	0.2074	0.1609	0.1252	0.0976	0.0763
28	0.7568	0.5744	0.4371	0.3335	0.2551	0.1956	0.1504	0.1159	0.0895	0.0693
29	0.7493	0.5631	0.4243	0.3207	0.2429	0.1846	0.1406	0.1073	0.0822	0.0630
30	0.7419	0.5521	0.4120	0.3083	0.2314	0.1741	0.1314	0.0994	0.0754	0.0573
35	0.7059	0.5000	0.3554	0.2534	0.1813	0.1301	0.0937	0.0676	0.0490	0.0356
40	0.6717	0.4529	0.3066	0.2083	0.1420	0.0972	0.0668	0.0460	0.0318	0.0221
45	0.6391	0.4102	0.2644	0.1712	0.1113	0.0727	0.0476	0.0313	0.0207	0.0137
50	0.6080	0.3715	0.2281	0.1407	0.0872	0.0543	0.0339	0.0213	0.0134	0.0085
55	0.5785	0.3365	0.1968	0.1157	0.0683	0.0406	0.0242	0.0145	0.0087	0.0053

（续表）

期数	12%	14%	15%	16%	18%	20%	24%	28%	32%	36%
1	0.8929	0.8772	0.8696	0.8621	0.8475	0.8333	0.8065	0.7813	0.7576	0.7353
2	0.7972	0.7695	0.7561	0.7432	0.7182	0.6944	0.6504	0.6104	0.5739	0.5407
3	0.7118	0.6750	0.6575	0.6407	0.6086	0.5787	0.5245	0.4768	0.4348	0.3975
4	0.6355	0.5921	0.5718	0.5523	0.5158	0.4823	0.4230	0.3725	0.3294	0.2923
5	0.5674	0.5194	0.4972	0.4761	0.4371	0.4019	0.3411	0.2910	0.2495	0.2149
6	0.5066	0.4556	0.4323	0.4104	0.3704	0.3349	0.2751	0.2274	0.1890	0.1580
7	0.4523	0.3996	0.3759	0.3538	0.3139	0.2791	0.2218	0.1776	0.1432	0.1162
8	0.4039	0.3506	0.3269	0.3050	0.2660	0.2326	0.1789	0.1388	0.1085	0.0854
9	0.3606	0.3075	0.2843	0.2630	0.2255	0.1938	0.1443	0.1084	0.0822	0.0628
10	0.3220	0.2697	0.2472	0.2267	0.1911	0.1615	0.1164	0.0847	0.0623	0.0462
11	0.2875	0.2366	0.2149	0.1954	0.1619	0.1346	0.0938	0.0662	0.0472	0.0340
12	0.2567	0.2076	0.1869	0.1685	0.1372	0.1122	0.0757	0.0517	0.0357	0.0250
13	0.2292	0.1821	0.1625	0.1452	0.1163	0.0935	0.0610	0.0404	0.0271	0.0184
14	0.2046	0.1597	0.1413	0.1252	0.0985	0.0779	0.0492	0.0316	0.0205	0.0135
15	0.1827	0.1401	0.1229	0.1079	0.0835	0.0649	0.0397	0.0247	0.0155	0.0099
16	0.1631	0.1229	0.1069	0.0930	0.0708	0.0541	0.0320	0.0193	0.0118	0.0073
17	0.1456	0.1078	0.0929	0.0802	0.0600	0.0451	0.0258	0.0150	0.0089	0.0054
18	0.1300	0.0946	0.0808	0.0691	0.0508	0.0376	0.0208	0.0118	0.0068	0.0039
19	0.1161	0.0829	0.0703	0.0596	0.0431	0.0313	0.0168	0.0092	0.0051	0.0029
20	0.1037	0.0728	0.0611	0.0514	0.0365	0.0261	0.0135	0.0072	0.0039	0.0021
21	0.0926	0.0638	0.0531	0.0443	0.0309	0.0217	0.0109	0.0056	0.0029	0.0016
22	0.0826	0.0560	0.0462	0.0382	0.0262	0.0181	0.0088	0.0044	0.0022	0.0012
23	0.0738	0.0491	0.0402	0.0329	0.0222	0.0151	0.0071	0.0034	0.0017	0.0008
24	0.0659	0.0431	0.0349	0.0284	0.0188	0.0126	0.0057	0.0027	0.0013	0.0006
25	0.0588	0.0378	0.0304	0.0245	0.0160	0.0105	0.0046	0.0021	0.0010	0.0005
26	0.0525	0.0331	0.0264	0.0211	0.0135	0.0087	0.0037	0.0016	0.0007	0.0003
27	0.0469	0.0291	0.0230	0.0182	0.0115	0.0073	0.0030	0.0013	0.0006	0.0002
28	0.0419	0.0255	0.0200	0.0157	0.0097	0.0061	0.0024	0.0010	0.0004	0.0002
29	0.0374	0.0224	0.0174	0.0135	0.0082	0.0051	0.0020	0.0008	0.0003	0.0001
30	0.0334	0.0196	0.0151	0.0116	0.0070	0.0042	0.0016	0.0006	0.0002	0.0001
35	0.0189	0.0102	0.0075	0.0055	0.0030	0.0017	0.0005	0.0002	0.0001	*
40	0.0107	0.0053	0.0037	0.0026	0.0013	0.0007	0.0002	0.0001	*	*
45	0.0061	0.0027	0.0019	0.0013	0.0006	0.0003	0.0001	*	*	*
50	0.0035	0.0014	0.0009	0.0006	0.0003	0.0001	*	*	*	*
55	0.0020	0.0007	0.0005	0.0003	0.0001	*	*	*	*	*

注：＊<0.0001

附录三　年金终值系数

年金终值系数表

期数	1%	2%	3%	4%	5%	6%	7%	8%	9%	10%
1	1.0000	1.0000	1.0000	1.0000	1.0000	1.0000	1.0000	1.0000	1.0000	1.0000
2	2.0100	2.0200	2.0300	2.0400	2.0500	2.0600	2.0700	2.0800	2.0900	2.1000
3	3.0301	3.0604	3.0909	3.1216	3.1525	3.1836	3.2149	3.2464	3.2781	3.3100
4	4.0604	4.1216	4.1836	4.2465	4.3101	4.3746	4.4399	4.5061	4.5731	4.6410
5	5.1010	5.2040	5.3091	5.4163	5.5256	5.6371	5.7507	5.8666	5.9847	6.1051
6	6.1520	6.3081	6.4684	6.6330	6.8019	6.9753	7.1533	7.3359	7.5233	7.7156
7	7.2135	7.4343	7.6625	7.8983	8.1420	8.3938	8.6540	8.9228	9.2004	9.4872
8	8.2857	8.5830	8.8923	9.2142	9.5491	9.8975	10.260	10.637	11.029	11.436
9	9.3685	9.7546	10.159	10.583	11.027	11.491	11.978	12.488	13.021	13.580
10	10.462	10.950	11.464	12.006	12.578	13.181	13.816	14.487	15.193	15.937
11	11.567	12.169	12.808	13.486	14.207	14.972	15.784	16.646	17.560	18.531
12	12.683	13.412	14.192	15.026	15.917	16.870	17.889	18.977	20.141	21.384
13	13.809	14.680	15.618	16.627	17.713	18.882	20.141	21.495	22.953	24.523
14	14.947	15.974	17.086	18.292	19.599	21.015	22.551	24.215	26.019	27.975
15	16.097	17.293	18.599	20.024	21.579	23.276	25.129	27.152	29.361	31.773
16	17.258	18.639	20.157	21.825	23.658	25.673	27.888	30.324	33.003	35.950
17	18.430	20.012	21.762	23.698	25.840	28.213	30.840	33.750	36.974	40.545
18	19.615	21.412	23.414	25.645	28.132	30.906	33.999	37.450	41.301	45.599
19	20.811	22.841	25.117	27.671	30.539	33.760	37.379	41.446	46.019	51.159
20	22.019	24.297	26.870	29.778	33.066	36.786	40.996	45.762	51.160	57.275
21	23.239	25.783	28.677	31.969	35.719	39.993	44.865	50.423	56.765	64.003
22	24.472	27.299	30.537	34.248	38.505	43.392	49.006	55.457	62.873	71.403
23	25.716	28.845	32.453	36.618	41.431	46.996	53.436	60.893	69.532	79.543
24	26.974	30.422	34.427	39.083	44.502	50.816	58.177	66.765	76.790	88.497
25	28.243	32.030	36.459	41.646	47.727	54.865	63.249	73.106	84.701	98.347
26	29.526	33.671	38.553	44.312	51.114	59.156	68.677	79.954	93.324	109.18
27	30.821	35.344	40.710	47.084	54.669	63.706	74.484	87.351	102.72	121.10
28	32.129	37.051	42.931	49.968	58.403	68.528	80.698	95.339	112.97	134.21
29	33.450	38.792	45.219	52.966	62.323	73.640	87.347	103.97	124.14	148.63
30	34.785	40.568	47.575	56.085	66.439	79.058	94.461	113.28	136.31	164.49
40	48.886	60.402	75.401	95.026	120.80	154.76	199.64	259.06	337.88	442.59
50	64.463	84.579	112.80	152.67	209.35	290.34	406.53	573.77	815.08	1163.9
60	81.670	114.05	163.05	237.99	353.58	533.13	813.52	1253.2	1944.8	3034.8

（续表）

期数	12%	14%	15%	16%	18%	20%	24%	28%	32%	36%
1	1.0000	1.0000	1.0000	1.0000	1.0000	1.0000	1.0000	1.0000	1.0000	1.0000
2	2.1200	2.1400	2.1500	2.1600	2.1800	2.2000	2.2400	2.2800	2.3200	2.3600
3	3.3744	3.4396	3.4725	3.5056	3.5724	3.6400	3.7776	3.9184	4.0624	4.2096
4	4.7793	4.9211	4.9934	5.0665	5.2154	5.3680	5.6842	6.0156	6.3624	6.7251
5	6.3528	6.6101	6.7424	6.8771	7.1542	7.4416	8.0484	8.6999	9.3983	10.146
6	8.1152	8.5355	8.7537	8.9775	9.4420	9.9299	10.980	12.136	13.406	14.799
7	10.089	10.731	11.067	11.414	12.142	12.916	14.615	16.534	18.696	21.126
8	12.300	13.233	13.727	14.240	15.327	16.499	19.123	22.163	25.678	29.732
9	14.776	16.085	16.786	17.519	19.086	20.799	24.713	29.369	34.895	41.435
10	17.549	19.337	20.304	21.322	23.521	25.959	31.643	38.593	47.062	57.352
11	20.655	23.045	24.349	25.733	28.755	32.150	40.238	50.399	63.122	78.998
12	24.133	27.271	29.002	30.850	34.931	39.581	50.895	65.510	84.320	108.44
13	28.029	32.089	34.352	36.786	42.219	48.497	64.110	84.853	112.30	148.48
14	32.393	37.581	40.505	43.672	50.818	59.196	80.496	109.61	149.24	202.93
15	37.280	43.842	47.580	51.660	60.965	72.035	100.82	141.30	198.00	276.98
16	42.753	50.980	55.718	60.925	72.939	87.442	126.01	181.87	262.36	377.69
17	48.884	59.118	65.075	71.673	87.068	105.93	157.25	233.79	347.31	514.66
18	55.750	68.394	75.836	84.141	103.74	128.12	195.99	300.25	459.45	700.94
19	63.440	78.969	88.212	98.603	123.41	154.74	244.03	385.32	607.47	954.28
20	72.052	91.025	102.44	115.38	146.63	186.69	303.60	494.21	802.86	1 298.8
21	81.699	104.77	118.81	134.84	174.02	225.03	377.46	633.59	1 060.8	1 767.4
22	92.503	120.44	137.63	157.42	206.34	271.03	469.06	812.00	1 401.2	2 404.7
23	104.60	138.30	159.28	183.60	244.49	326.24	582.63	1 040.4	1 850.6	3 271.3
24	118.16	158.66	184.17	213.98	289.49	392.48	723.46	1 332.7	2 443.8	4 450.0
25	133.33	181.87	212.79	249.21	342.60	471.98	898.09	1 706.8	3 226.8	6 053.0
26	150.33	208.33	245.71	290.09	405.27	567.38	1 114.6	2 185.7	4 260.4	8 233.1
27	169.37	238.50	283.57	337.50	479.22	681.85	1 383.1	2 798.7	5 624.8	11 198
28	190.70	272.89	327.10	392.50	566.48	819.22	1 716.1	3 583.3	7 425.7	15 230
29	214.58	312.09	377.17	456.30	669.45	984.07	2 129.0	4 587.7	9 802.9	20 714
30	241.33	356.79	434.75	530.31	790.95	1 181.9	2 640.9	5 873.2	12 941	28 172
40	767.09	1 342.0	1 779.1	2 360.8	4 163.2	7 343.9	22 729	69 377	207 874	609 890
50	2 400.0	4 994.5	7 217.7	10 436	21 813	45 497	195 373	819 103	*	*
60	7 471.6	18 535	29 220	46 058	114 190	281 733	*	*	*	*

注：*>999 999.99

附录四 年金现值系数

年金现值系数表

期数	1%	2%	3%	4%	5%	6%	7%	8%	9%	10%
1	0.9901	0.9804	0.9709	0.9615	0.9524	0.9434	0.9346	0.9259	0.9174	0.9091
2	1.9704	1.9416	1.9135	1.8861	1.8594	1.8334	1.8080	1.7833	1.7591	1.7355
3	2.9410	2.8839	2.8286	2.7751	2.7232	2.6730	2.6243	2.5771	2.5313	2.4869
4	3.9020	3.8077	3.7171	3.6299	3.5460	3.4651	3.3872	3.3121	3.2397	3.1699
5	4.8534	4.7135	4.5797	4.4518	4.3295	4.2124	4.1002	3.9927	3.8897	3.7908
6	5.7955	5.6014	5.4172	5.2421	5.0757	4.9173	4.7665	4.6229	4.4859	4.3553
7	6.7282	6.4720	6.2303	6.0021	5.7864	5.5824	5.3893	5.2064	5.0330	4.8684
8	7.6517	7.3255	7.0197	6.7327	6.4632	6.2098	5.9713	5.7466	5.5348	5.3349
9	8.5660	8.1622	7.7861	7.4353	7.1078	6.8017	6.5152	6.2469	5.9952	5.7590
10	9.4713	8.9826	8.5302	8.1109	7.7217	7.3601	7.0236	6.7101	6.4177	6.1446
11	10.3676	9.7868	9.2526	8.7605	8.3064	7.8869	7.4987	7.1390	6.8052	6.4951
12	11.2551	10.5753	9.9540	9.3851	8.8633	8.3838	7.9427	7.5361	7.1607	6.8137
13	12.1337	11.3484	10.6350	9.9856	9.3936	8.8527	8.3577	7.9038	7.4869	7.1034
14	13.0037	12.1062	11.2961	10.5631	9.8986	9.2950	8.7455	8.2442	7.7862	7.3667
15	13.8651	12.8493	11.9379	11.1184	10.3797	9.7122	9.1079	8.5595	8.0607	7.6061
16	14.7179	13.5777	12.5611	11.6523	10.8378	10.1059	9.4466	8.8514	8.3126	7.8237
17	15.5623	14.2919	13.1661	12.1657	11.2741	10.4773	9.7632	9.1216	8.5436	8.0216
18	16.3983	14.9920	13.7535	12.6593	11.6896	10.8276	10.0591	9.3719	8.7556	8.2014
19	17.2260	15.6785	14.3238	13.1339	12.0853	11.1581	10.3356	9.6036	8.9501	8.3649
20	18.0456	16.3514	14.8775	13.5903	12.4622	11.4699	10.5940	9.8181	9.1285	8.5136
21	18.8570	17.0112	15.4150	14.0292	12.8212	11.7641	10.8355	10.0168	9.2922	8.6487
22	19.6604	17.6580	15.9369	14.4511	13.1630	12.0416	11.0612	10.2007	9.4424	8.7715
23	20.4558	18.2922	16.4436	14.8568	13.4886	12.3034	11.2722	10.3711	9.5802	8.8832
24	21.2434	18.9139	16.9355	15.2470	13.7986	12.5504	11.4693	10.5288	9.7066	8.9847
25	22.0232	19.5235	17.4131	15.6221	14.0939	12.7834	11.6536	10.6748	9.8226	9.0770
26	22.7952	20.1210	17.8768	15.9828	14.3752	13.0032	11.8258	10.8100	9.9290	9.1609
27	23.5596	20.7069	18.3270	16.3296	14.6430	13.2105	11.9867	10.9352	10.0266	9.2372
28	24.3164	21.2813	18.7641	16.6631	14.8981	13.4062	12.1371	11.0511	10.1161	9.3066
29	25.0658	21.8444	19.1885	16.9837	15.1411	13.5907	12.2777	11.1584	10.1983	9.3696
30	25.8077	22.3965	19.6004	17.2920	15.3725	13.7648	12.4090	11.2578	10.2737	9.4269
35	29.4086	24.9986	21.4872	18.6646	16.3742	14.4982	12.9477	11.6546	10.5668	9.6442
40	32.8347	27.3555	23.1148	19.7928	17.1591	15.0463	13.3317	11.9246	10.7574	9.7791
45	36.0945	29.4902	24.5187	20.7200	17.7741	15.4558	13.6055	12.1084	10.8812	9.8628
50	39.1961	31.4236	25.7298	21.4822	18.2559	15.7619	13.8007	12.2335	10.9617	9.9148
55	42.1472	33.1748	26.7744	22.1086	18.6335	15.9905	13.9399	12.3186	11.0140	9.9471

（续表）

期数	12%	14%	15%	16%	18%	20%	24%	28%	32%	36%
1	0.8929	0.8772	0.8696	0.8621	0.8475	0.8333	0.8065	0.7813	0.7576	0.7353
2	1.6901	1.6467	1.6257	1.6052	1.5656	1.5278	1.4568	1.3916	1.3315	1.2760
3	2.4018	2.3216	2.2832	2.2459	2.1743	2.1065	1.9813	1.8684	1.7663	1.6735
4	3.0373	2.9137	2.8550	2.7982	2.6901	2.5887	2.4043	2.2410	2.0957	1.9658
5	3.6048	3.4331	3.3522	3.2743	3.1272	2.9906	2.7454	2.5320	2.3452	2.1807
6	4.1114	3.8887	3.7845	3.6847	3.4976	3.3255	3.0205	2.7594	2.5342	2.3388
7	4.5638	4.2883	4.1604	4.0386	3.8115	3.6046	3.2423	2.9370	2.6775	2.4550
8	4.9676	4.6389	4.4873	4.3436	4.0776	3.8372	3.4212	3.0758	2.7860	2.5404
9	5.3282	4.9464	4.7716	4.6065	4.3030	4.0310	3.5655	3.1842	2.8681	2.6033
10	5.6502	5.2161	5.0188	4.8332	4.4941	4.1925	3.6819	3.2689	2.9304	2.6495
11	5.9377	5.4527	5.2337	5.0286	4.6560	4.3271	3.7757	3.3351	2.9776	2.6834
12	6.1944	5.6603	5.4206	5.1971	4.7932	4.4392	3.8514	3.3868	3.0133	2.7084
13	6.4235	5.8424	5.5831	5.3423	4.9095	4.5327	3.9124	3.4272	3.0404	2.7268
14	6.6282	6.0021	5.7245	5.4675	5.0081	4.6106	3.9616	3.4587	3.0609	2.7403
15	6.8109	6.1422	5.8474	5.5755	5.0916	4.6755	4.0013	3.4834	3.0764	2.7502
16	6.9740	6.2651	5.9542	5.6685	5.1624	4.7296	4.0333	3.5026	3.0882	2.7575
17	7.1196	6.3729	6.0472	5.7487	5.2223	4.7746	4.0591	3.5177	3.0971	2.7629
18	7.2497	6.4674	6.1280	5.8178	5.2732	4.8122	4.0799	3.5294	3.1039	2.7668
19	7.3658	6.5504	6.1982	5.8775	5.3162	4.8435	4.0967	3.5386	3.1090	2.7697
20	7.4694	6.6231	6.2593	5.9288	5.3527	4.8696	4.1103	3.5458	3.1129	2.7718
21	7.5620	6.6870	6.3125	5.9731	5.3837	4.8913	4.1212	3.5514	3.1158	2.7734
22	7.6446	6.7429	6.3587	6.0113	5.4099	4.9094	4.1300	3.5558	3.1180	2.7746
23	7.7184	6.7921	6.3988	6.0442	5.4321	4.9245	4.1371	3.5592	3.1197	2.7754
24	7.7843	6.8351	6.4338	6.0726	5.4509	4.9371	4.1428	3.5619	3.1210	2.7760
25	7.8431	6.8729	6.4641	6.0971	5.4669	4.9476	4.1474	3.5640	3.1220	2.7765
26	7.8957	6.9061	6.4906	6.1182	5.4804	4.9563	4.1511	3.5656	3.1227	2.7768
27	7.9426	6.9352	6.5135	6.1364	5.4919	4.9636	4.1542	3.5669	3.1233	2.7771
28	7.9844	6.9607	6.5335	6.1520	5.5016	4.9697	4.1566	3.5679	3.1237	2.7773
29	8.0218	6.9830	6.5509	6.1656	5.5098	4.9747	4.1585	3.5687	3.1240	2.7774
30	8.0552	7.0027	6.5660	6.1772	5.5168	4.9789	4.1601	3.5693	3.1242	2.7775
35	8.1755	7.0700	6.6166	6.2153	5.5386	4.9915	4.1644	3.5708	3.1248	2.7777
40	8.2438	7.1050	6.6418	6.2335	5.5482	4.9966	4.1659	3.5712	3.1250	2.7778
45	8.2825	7.1232	6.6543	6.2421	5.5523	4.9986	4.1664	3.5714	3.1250	2.7778
50	8.3045	7.1327	6.6605	6.2463	5.5541	4.9995	4.1666	3.5714	3.1250	2.7778
55	8.3170	7.1376	6.6636	6.2482	5.5549	4.9998	4.1666	3.5714	3.1250	2.7778

附录五　村集体经济收入资金管理制度

第一章　总则

第一条　为了加强××村集体经济收入的资金管理，提高资金的使用效率，××村实施集体经济收入资金管理制度，资金的申请使用和审批严格遵循本制度的规定。

第二章　资金使用范围

第二条　符合以下条件的情况，可以申请使用集体经济收入资金。

（一）增加××村集体收入的项目费用；

（二）××村公益性项目的建设费用；

（三）××村遭遇重大家庭变故造成生活困难的村民慰问金；

（四）其他经帮扶单位“双到”办和村委协商可供开支的项目费用。

第三章　资金使用程序

第三条　××村委会人员及相关机构的职责。

（一）××村委会主任：负责管理××村集体经济收入资金，审批各生产小组提出的资金使用申请，按制度要求监督各项资金的使用，确保资金公正、公开使用。

（二）××村委会委员：根据所管辖生产小组的实际需求，提出资金使用申请。

（三）××村委会出纳：负责收集和保管资金申请，办理支付业务及保管相关票据，设立专门账簿进行登记管理，编制并公示每月的资金使用情况。

（四）帮扶单位“双到”办公室：负责指导××村委会有效地使用集体经济收入资金，监督村委会执行资金管理制度，复核每一项资金的审批情况。

第四条 资金的申请程序。

（一）对于村民慰问金和只涉及1个生产小组的公益性项目，由管辖该生产小组的村委委员提出使用申请，填写《××村集体经济收入资金使用申请表》。

（二）对于涉及2个生产小组以上的公益性项目，由管辖所涉及生产小组的全部村委委员联名提出使用申请，填写《××村集体经济收入资金使用申请表》。

（三）对于××村集体投资项目，由1/2以上的村委委员联名提出使用申请，填写《××村集体经济收入资金使用申请表》。

第五条 资金的审批程序。

（一）申请费用在500元以下的，由村委会主任同意并签字，通过审批。

（二）申请费用在500元（含500元）以上2 000元以下的，需召开村委会议讨论，需村委会主任及1/2以上村委委员同意并签字，才能通过审批。

（三）申请费用在2 000元（含2 000元）以上的，需召开村委会议讨论，由全体村委委员同意并签字，使用申请书需在村公告栏向全村村民公示7天，无收到书面反对意见，才能通过

审批。

第六条　资金的支付办法。

（一）账户内资金支付的票据需有帮扶单位驻村干部私章、××村委主任私章、兴宁市黄槐镇××村民委员会公章3个印鉴齐全才能支付使用。

（二）按照以下规定的程序办理资金支付业务。

（1）支付申请。村委会委员申请用款时，应当提前向村委会主任提交《××村集体经济收入资金使用申请表》，按规定注明款项的用途、金额、支付方式等内容，并附有效经济合同或相关证明。

（2）支付审批。村委会主任应当根据资金授权批准制度的规定，在授权范围内进行审批，不得超越审批权限。

（3）支付复核。帮扶单位“双到”办公室应当对批准后的资金支付申请进行复核，复核资金支付申请的项目是否合理、批准程序是否正确、手续及相关单证是否齐备、金额计算是否准确、支付方式是否妥当等。复核无误后，交由出纳人员办理支付手续。

（4）办理支付。出纳根据复核无误的支付申请，按规定办理资金支付手续，负责收集和保管相关票据，并及时登记账册。

第四章　资金公示

第七条　申请费用在2 000元（含2 000元）以上的项目，村委会需向全村村民公示该项目的《××村集体经济收入资金使用申请表》，公示期为7天。

第八条　每月5日前××村委会需向全村公示上1个月集体经济收入资金使用情况。

公示内容为：账户收支情况表，包括当月和年度收入、当月和年度支出、当月和年度结余等内容。

第五章　附则

第九条　本制度自2011年2月1日起执行。

附件1　××村集体经济收入资金使用申请表

双下村集体经济收入资金使用申请表

申请项目：		申请金额		申请日期：	
申请人：					
申请理由：	申请人签字： 年　月　日				
审批意见：	审批人签字： 双下村民委员会（盖章）　年　月　日				
复核意见：	复核人签字： 年　月　日				
出纳：		日期：			

附件 2　账户收支情况表

账户收支情况表

日期：

当月账户收入		本年账户收入	
当月账户支出		本年账户支出	
当月账户结余		本年账户结余	

参考文献

财政部会计司编写组 . 2005. 村集体经济组织会计制度讲解［M］. 北京：人民出版社.

褚颖，杨君 . 2011. 农村财务管理［M］. 北京：中国农业科学技术出版社.

崔富春 . 2010. 农村财务管理［M］. 北京：中国社会出版社.

《村集体经济组织会计制度及相关法规》编辑组 . 2005. 村集体经济组织会计制度及相关法规［M］. 北京：中国物资出版社.

李彤，于洁，张存彦 . 2008. 农村财务管理［M］. 北京：金盾出版社.

李彤 . 2009. 农村财务管理［M］. 北京：金盾出版社.

刘晓利 . 2007. 村集体经济组织财务管理［M］. 北京：中国农业出版社.

王静 . 2010. 农村财务管理［M］. 北京：中国社会出版社.